HEIKE SCHMIDT-RÖGER
SUSANNE BLANK

Hunde —verhalten

Praxiswissen Hund

KÖRPERSPRACHE UND AUSDRUCKSWEISE
ERKENNEN UND VERSTEHEN

MIT KOSMOS MEHR ENTDECKEN

Aktuelles
Experten
—wissen

SEIT 1822

KOSMOS

☞ *Inhalt*

WARUM VERHALTEN SO SPANNEND IST

HEIKE

Seit ich mich erinnern kann, habe ich mit Hunden gelebt. Von frühester Kindheit an waren es Dackel: Mogelpackungen auf vier kurzen Beinen, denn sie beherbergen so viel mehr Persönlichkeit, Mut, Selbstbewusstsein, Zuneigung und Vielseitigkeit, als ihr kleiner Körper es vermuten lässt. Allesamt beste Lehrmeister, wenn es um Hundeverhalten geht. Ich war gerade Teenager, als meine Eltern mit der Hundezucht begannen. Und so hatte ich das große Privileg, Dackelbabys beim Aufwachsen zu begleiten. Hautnah zu erleben, wie Welpen sich von Woche zu Woche entwickeln und zu ganz unterschied-

lichen Persönlichkeiten heranwachsen, wie die erwachsenen Hunde mit ihnen und untereinander umgehen, zählt sicher zu den schönsten und lehrreichsten Momenten meiner Jugend. Dazu hatte ich immer einen eigenen Dackel, der mich aussuchte und mir mit seinem unerschütterlichen Vertrauen das größte Geschenk machte.

Meine Begeisterung für Vierbeiner, deren Persönlichkeit ebenso stattlich ist wie ihr Selbstbewusstsein, blieb. Nur die Hunde wurden etwas größer: Im Lauf der Jahre waren es drei Afghanische Windhunde, ein Greyhound und ein Whippet, die wir im Alter von zwei bis neun Jahren „gebraucht" übernommen haben, entweder durch Vermittlung des Züchters oder über den Tierschutz. Jetzt leben Zwergdackel Paul, der als Welpe aus der Zucht meiner Eltern zu uns kam, und Whippethündin Mina bei uns.

Durch sie alle habe ich einen reichen Erfahrungsschatz, wenn es um Hunde geht. Dieser wurde und wird weiterhin ergänzt durch Begegnungen bei der Zucht, der Arbeit in Hundevereinen, auf Hundeausstellungen, beim Hineinschnuppern in die Jagdausbildung, im Tierschutz und natürlich bei meiner Arbeit als Autorin und Fotografin mit den verschiedensten Vierbeinern sowie deren Menschen mit unterschiedlichsten Erwartungen, Umgangsformen, Ausbildungsmethoden und Lebensmodellen. Von allen diesen Hunden habe ich so viel gelernt.

Heike Schmidt-Röger mit Afghane Radsha und Dackel Paul.

Susanne Blank mit Whippetdame Kate und Podencohündin Puriah.

Und immer wenn die Selbstüberschätzung mich eingenommen hat und ich dachte, nach all den Erfahrungen, Büchern, Workshops, Seminaren und Vorträgen alles über Hunde zu wissen, hat unser neues vierbeiniges Familienmitglied mich eines Besseren belehrt und auf eine unerwartete Weise gefordert. So bin ich immer wieder angehalten, mich und mein Handeln zu hinterfragen.

SUSANNE

Hunde waren schon immer meine große Leidenschaft. Als Kind führte ich die Hunde der Nachbarschaft aus, seit 20 Jahren halte ich selbst Hunde und seit mehr als zehn Jahren arbeite ich als Hundetrainerin.

Mein erster Hund war Retrievermix Joschi, von Welpe an stets unerschütterlich an meiner Seite. Als Podencohündin Lena, später Puriah und Whippet Kate bei mir einzogen, die ganz anders waren als Joschi, wuchs mein Interesse an Hundeverhalten. Ich besuchte viele Seminare und machte mich schlau. Heute leben bei mir Labrador Retriever Jette und die Magyar-Agar-Hündinnen Hanni und Malu. Die meisten meiner Hunde habe ich aus dem Tierschutz. Beruflich wie privat liebe ich es, die Entwicklung von Tierschutzhunden zu beobachten. Ohne Muße, Geduld und sich etwas zu trauen geht dabei gar nichts. Denn man muss es wagen, die Entwicklung eines Hundes zuzulassen und trotzdem dann auszubremsen, wenn sich unerwünschtes Verhalten zeigt. Diese Gratwanderung finde ich

Die junge Windhündin Malu – ein Magyar Agar – schleicht sich für eine spielerische Attacke an.

ungemein spannend. Schafft der Mensch es, Mut und Unterstützung an den richtigen Stellen zu geben, ist er die große Stütze des Hundes und für einen unsicheren Hund der Fels in der Brandung, den er braucht, um Selbstvertrauen zu bekommen und ein umweltsicherer Hund zu werden. Wer das schafft, kann ganz viel Entwicklung erleben und sich daran erfreuen. So eine Entwicklung als Hundetrainerin zu begleiten oder auch bei meinen eigenen Hunden zu erfahren, ist für mich immer wieder das Allerschönste!

Wenn Hund und Mensch zusammenwachsen und die Beziehung von Mensch und Hund an Qualität gewinnt, kann Vertrauen wachsen und es können Fortschritte entstehen. Natürlich muss der Mensch manchmal über seinen Schatten springen und etwas zulassen, das

ihm vielleicht Angst macht. Doch dafür bin dann ich ja da: Um zu unterstützen, immer wieder zu zeigen, wie gut der Hund ist, und allen Beteiligten den Rücken zu stärken!

NACH UNSEREN ERFAHRUNGEN

Jeder Hund ist einmalig, mögen sich zwei Hunde einer Rasse auch äußerlich gleichen wie ein Ei dem anderen. All das, was einem Hund von seinen Eltern mit auf den Weg gegeben wurde, seine ganz persönlichen Erfahrungen, seine Beziehungen und sein Charakter machen ihn zu einem einzigartigen Wesen. Dazu haben Hunde auch eine Sonderstellung in ihrer Verbindung zum Menschen, denn kein ande-

Die ältere Hanni nimmt das Spielangebot gerne an und los geht die wilde Hatz quer durch den Obstgarten.

res Tier versteht uns so gut wie ein Hund oder hat ein Sozialverhalten, das besser zu uns passt. Diese Einmaligkeit und Nähe sind es, die uns so an Hunden begeistern. Einen Hund kennenzulernen, ihn in das eigene Leben zu integrieren, anzuleiten und schließlich sein Vertrauen zu erfahren, all das erfüllt uns. Nicht immer läuft das Zusammenleben reibungslos, doch im täglichen Miteinander gibt es immer wieder Momente des Lachens, des Staunens und der puren Freude. Noch schöner aber sind die Vertrautheit und das gegenseitige Annehmen. Das ist nur möglich, wenn die Individualität des Hundes erkannt und respektiert sowie sein Verhalten so weit wie nötig gelenkt wird. Dazu ist es wichtig, sein Verhalten einschätzen zu können und zu versuchen, hundegerecht darauf zu reagieren.

Wer denkt, nach ein oder zwei Hunden an seiner Seite alles über sie zu wissen, irrt sich gewaltig. Denn es bleibt immer spannend und es passiert so viel, direkt vor Ihrer Nase. Schauen Sie einfach öfter mal hin, was Ihr Hund macht. Es lohnt sich!

Das komplexe Hundeverhalten in diesem Buch komplett abzuhandeln, wäre ein unerreichbares Unterfangen. Uns war es wichtig, dass Sie Ihren Hund besser verstehen, und hoffen, dass Ihnen das mit den Tests und den vielen Beispielen aus dem Alltag gelingt. Dazu haben wir neben etwas Theorie Punkte aus der Praxis gesucht, die unserer Erfahrung nach relevant bzw. brauchbar sind. Vielleicht haben Sie andere Schwerpunkte, doch wir hoffen, dass Sie nützliche Infos genau für Ihren Fall ableiten können.

DAS GROSSE VERHALTENSPUZZLE

— Wieso macht er das?

PUZZLE ZUSAMMENSETZEN

Schaut Ihr Hund Sie immer so charmant an, weil dieser Blick typisch für seine Rasse ist, weil er ein optimistischer und geselliger Typ ist oder weil er gelernt hat, dass Sie dann großzügiger Leckerchen geben?

„Warum zeigt mein Hund dieses Verhalten?" ist eine der spannendsten Fragen im Zusammenleben von Mensch und Hund. Manchmal ist sie ganz leicht zu beantworten, manchmal gar nicht, und oft können nur Vermutungen angestellt werden. Denn mögliche Gründe gibt es viele, z. B. Genetik, Erfahrungen, Umwelt, Persönlichkeit und Gesundheit. Wie viel Einfluss ein Faktor auf die Verhaltenspalette eines Hundes hat, ist unterschiedlich und kann bei einem Hund sogar je nach Situation variieren.

WAS IST VERHALTEN?

Weit gefasst könnte gesagt werden: „Alles ist Verhalten." Oder im Umkehrschluss der bekannte Satz: „Es gibt nicht Nichtverhalten." Jedes Geschehen, das von außen betrachtet an Ihrem Hund wahrgenommen werden kann und der Veränderung unterliegt, ist Verhalten. Es kann genauso aktiv wie passiv sein: Ob Ihr Hund döst, frisst, bellt, sich kratzt, knurrt, buddelt, mit Artgenossen spielt oder zu Hause jammert, er jagt, sich abwendet oder nach vorne geht – in all diesen Beispielen „verhält" er sich. Manches Verhalten ist genetisch festgelegt, anderes wird im Lauf des Lebens entwickelt (erworben). Mit dem von Hunden gezeigten Verhalten eng verknüpft können Empfindungen sein, gute Beispiele dafür sind der in die Glieder fahrende Schreck, die Schockstarre oder die Freudensprünge. Begrüßt Ihr Hund Sie überschwänglich, wenn

Sie nach Hause kommen, wackelt dann seine Rute samt ganzem Hinterteil und gibt er sich jede Mühe, sie herrlich schmatzend abzuschlabbern? Wenn ja, können Sie dann hautnah ein Verhalten erleben, das Hunde schon von ihren wölfischen Vorfahren mit auf den Weg bekommen haben, dessen Ursprung in der Beziehung Welpe – Hundemutter liegt und das dann seinen Weg in das Sozialverhalten auch der erwachsenen Tiere gefunden hat. Und um dieses Verhalten zeigen zu können, sind im Körper Ihres Hundes komplexe Vorgänge abgelaufen. Daran beteiligt waren in einem ganz speziellen Zusammenspiel des

Die Entstehung von Verhalten ist komplex.

Das Hüten liegt dem Border Collie in den Genen. Darauf baut das Training mit dem Schäfer bzw. Ausbilder auf.

optimalen Zeitpunkts, des passenden Ablaufs und der richtigen Aktivität und Dosierung u. a. Sinne, Nervensystem, Drüsen, Hormone, Organe und Muskeln. Das klingt alles furchtbar kompliziert. Doch bevor wir uns der Praxis widmen, möchten wir noch einen kleinen Einblick in die Theorie geben. Denn dann lässt sich viel leichter verstehen, wie Ihr Hund tickt und was das für Sie bedeutet.

DIE ROLLE DER GENE

Die Gene bestimmen zum gewissen Teil das äußere Erscheinungsbild eines Hundes, z. B. seine Größe, sein Fell und seine Farbe, ob er Schlapp- oder Stehohren hat, seine Rute geringelt oder gerade ist. Die Erbanlagen bilden aber auch die Basis seines Verhaltens, was die Weichen für seine Entwicklung stellt.

Das Vorstehen des Pointers, das Bellen vom Spitz, das Fixieren (Anstarren) des Border Collies, das territoriale Verhalten des Pyrenäen Berghundes oder das Draufgängerische des Jack Russell Terriers sind nur einige Beispiele der rassetypischen Eigenschaften, die auf einen Jahrtausende dauernden Selektionsprozess zurückzuführen sind. All diese Eigenschaften waren vom Menschen gewünscht, wurden durch die Zucht verstärkt und sind genetisch mitbestimmt.

Hunde müssen dieses Verhalten nicht lernen, sie können es einfach. Genetisch veranlagtes Verhalten abzugewöhnen, ist mit tiergerechten Mitteln unmöglich. Denn verschwinden wird es nicht. Die Aufgabe des Menschen ist es vielmehr, den Hund so anzuleiten und zu führen, dass es dadurch nicht zu Konflikten im Alltag kommt und ihm die Möglichkeit zu bieten, seine Veranlagung durch einen sicher gesteckten Rahmen und gegebenenfalls Alternativbeschäftigungen ausleben zu können. Genetisch beeinflusstes Verhalten soll nicht eliminiert, sondern es muss gemanagt werden. Dazu gibt es auch immer individuelle Eigenschaften, die genetisch mit veranlagt sind oder wobei die genetische Veranlagung den ersten Baustein für dieses Verhalten liefert, z. B. ob ein Hundewelpe eher der aktive oder der zurückhaltende Typ ist.

EPIGENETIK

Ging man früher zumeist davon aus, dass der Einfluss der Gene auf ein Lebewesen unveränderbar ist, wissen wir es heute besser. Denn auch äußere Einflüsse wie Umwelt, Ernährung und Lebensweise können sich auf das Ablesen der Geninformation auswirken, diese an- und abschalten bzw. ihren Aktivitätsgrad ändern. Das kann sich jeweils positiv oder negativ für den Betroffenen auswirken. Manche Veränderungen können sogar in die nächste Generation weitergegeben werden. Obwohl die eigentliche Information des Gens unverändert bleibt, ist die Aussage nun eine ganz andere.

ERWORBENES VER-HALTEN

Wie ein Kuchen, der erst durch das Rezept, die Zutaten und die Zubereitung gelingt, komplettieren die Erfahrungen das Verhaltenspuzzle. Denn jede Erfahrung, jedes Erlebnis und fast jede Einwirkung bringt einen Welpen etwas weiter auf dem Weg zu dem Hund, der er schließlich einmal sein wird. Ein Raufbold muss keiner bleiben, ein Angsthase kann Mut hinzugewinnen und ein selbstständiger Hund kann lernen, sich mehr an seinen Menschen zu orientieren. Und weder Rang, Status noch Position in der Gemeinschaft sind von Geburt an festgelegt – jeder Hund muss seine Rolle erst noch finden und ausfüllen. Egal, was die Gene mitbringen, die auf den Hund einwirkenden Einflüsse können sein Verhalten nega-

tiv oder positiv verändern oder einfach in eine andere Richtung lenken. Und dieser Prozess dauert lebenslang, wenn auch je nach Lebensphase die Einflüsse größere oder geringere Auswirkungen haben. Hier einige Gründe:

VORGEBURTLICH

Die Beeinflussung beginnt schon im Mutterleib. Eine trächtige Hündin, die gesund und von ihrem Wesen her ausgeglichen ist, sich in einem stabilen Umfeld aufhält, gut ernährt sowie liebevoll und hundegerecht umsorgt wird, kann ihren Kindern ein optimales Gerüst für eine stabile Psyche und Gesundheit mitgeben. Doch ist sie hingegen beispielsweise ein unsicherer oder gar ängstlicher Hund oder erlebt sie während der Trächtigkeit anhaltenden Stress oder ein Trauma, kann sich das negativ auf ihren Nachwuchs auswirken. Der hat später dann möglicherweise eine geringere Stresstoleranz, vermehrte Unsicherheit oder Angst, ein geschwächtes Immunsystem etc.

Schon im Bauch der Mutter nehmen die Welpen viel wahr.

STRESS

Kurzzeitige, vom Hund bewältigbare Aufregung wirkt durchaus belebend, leistungsfördernd, lernfördernd und ist in geringen Dosen sogar wichtig für die Entwicklung eines gesunden Immunsystems und einer guten Stressbewältigung. Hingegen hat anhaltender Stress zahlreiche negative Auswirkungen auf Körper und Psyche (siehe Kasten 23). Dies kann sich sogar auf die Umsetzung der Erbinformation auswirken. Anhaltender oder sehr heftiger Stress kann dazu führen, dass Erbinformationen anders ausgelesen, Krankheiten begünstigt und Lernprozesse blockiert werden sowie die Fähigkeit zur weiteren Stressbewältigung negativ beeinflusst wird. Schädlicher Stress kann z. B. durch psychische Belastungen wie einen unberechenbaren Sozialpartner oder Isolation, psychische oder physische Überforderung oder Unterforderung und auch z. B. durch Krankheiten, Lärm, Umweltgifte und mangelhafte oder unregelmäßige Ernährung entstehen.

LERNEN

Lernen ist viel mehr als Sitz und Platz in der Hundeschule, denn ein Hund lernt immer. Jede Begegnung, jedes Erlebnis und jede Umgebung führt dazu, dass sich in seinem Gehirn neue Verbindungen zwischen den Nervenzellen bilden, vorhandene stärker werden oder sich anders strukturieren. Ein Hund lernt so z. B., was sich für ihn lohnt oder gut anfühlt, mit welchen Strategien er Erfolg hat und wo er besser Vorsicht walten lassen sollte. Er lernt durch Beobachtung, verknüpft verschiedene Ereignisse miteinander, testet Grenzen aus und kann durch neue Erfahrungen lernen, anders zu reagieren. Wie stark eine solche Verbindung zwischen zwei Nervenzellen ausgeprägt ist, entscheidet darüber, wie zuverlässig die Information abrufbar ist. Wird eine Erfahrung von starken Emotionen begleitet, kann manchmal schon ein Ereignis der Auslöser für ein künftiges Verhalten sein, langweilige Routineaufgaben brauchen hingegen viele Wiederholungen, bis die entsprechende Nervenverbindung stark genug und ein erlerntes Verhalten dauerhaft etabliert ist. Lernen ist flexibel: Verbindungen und deren Verhaltensweisen können neu gebildet werden, brach liegende abgebaut und bereits etablierte Verhaltensmuster können durch neue Erfahrungen umgeschrieben werden, so werden z. B. Ängste aufgebaut oder überwunden.

Verknüpfungen

Stellt ein Hund einen Zusammenhang z. B. zwischen zwei Reizen, Objekten, Ereignissen bzw. Orten her, verknüpft er beides miteinander. Das passiert ständig, z. B. hat Dackel Paul verknüpft, dass es raus geht, wenn Frauchen ihre Gummistiefel anzieht und Labrador Jette hat verknüpft, dass es abends auf dem Kissen noch einen Gute-Nacht-Keks gibt.

Durch Lernen passt sich das Verhalten an. Dieser Beagle hat gelernt, dass die Hühner keine Beute sind.

Verknüpfungen werden im Training ganz gezielt eingesetzt, indem geübt wird, dass der Hund ein Signal mit einer erwünschten Handlung verbindet, z. B.

— das Wort „Platz" damit, sich hinzulegen;
— den erhobenen Zeigefinger damit, sich hinzusetzen;
— den Pfiff mit der Hundepfeife damit, heranzukommen.

Bis trainierte Verknüpfungen zuverlässig funktionieren, braucht es meist viele Wiederholungen. Jedoch kann sich ein sehr eindrückliches Ereignis und die damit einhergehende Verknüpfung auch ohne Wiederholung regelrecht einbrennen und das weitere Verhalten beeinflussen.

Susanne: „So hat vor einigen Jahren meine Podenco-Hündin Puriah ein ihr unvergessliches Spektakel am Himmel erlebt. Während eines Grillabends mit Freunden im Hof lief sie ganz unbedarft durch die Tür nach draußen, als am Himmel einige bengalische Feuer in der Dämmerung aufstiegen! Der Abend war für sie gelaufen, sie war nicht mehr nach draußen zu bewegen und hat zitternd im Hundekorb gelegen. Puriah war immer schon eine sehr sensible Hündin, sie hat den Rest ihres Lebens immer zuerst sorgenvoll zum Himmel geschaut, wenn sie aus der Tür ging, auch sonst wurden alle fliegenden Objekte von ihr ängstlich beäugt."

Üben Sie mit Ihrem Hund, sollten Sie in den jeweils ersten Trainingseinheiten darauf achten, dass es möglichst wenig Ablenkung gibt. Das macht es dem Hund leichter, sich zu konzentrieren. Durch die passenden Rahmenbedingungen wird aber auch der Weg bereitet

WELPE

Wächst ein Welpe in einer abwechslungsreichen Umgebung heran, die ihn fordert, aber nicht überfordert, kann er sein ganzes Hundeleben lang offen und flexibel mit neuen Erfahrungen und Reizen umgehen – er hat gelernt, zu lernen. Hingegen kann ein isoliert aufgezogener Hund meist viel schlechter auf Veränderungen oder Neuerungen in seinem Leben reagieren und er ist schnell überfordert.

Unabhängig davon hat jeder Hund sein ganz individuelles Lerntempo – der eine ist ganz fix und kapiert ganz schnell, der andere braucht etwas länger, um neue Erfahrungen einzuschätzen, neue Sachverhalte zu begreifen und/oder sich an neue oder geänderte Umstände anzupassen. Ein Hund – natürlich auch ein Welpe – lernt immer am besten, wenn er das in seinem ganz persönlichen Tempo tun kann.

Wie ein Hund etwas verknüpft, ist kaum vorherzusehen.

für die gewünschte Verknüpfung. Ist die Grundverknüpfung vorhanden, muss diese jedoch durch das Üben an verschiedenen Orten, unter verschiedenen Bedingungen und in unterschiedlichen Situationen gefestigt werden. Ansonsten gibt es z. B. den „Hundeplatz-Effekt": Weil die Gehorsamsübungen mit einem Hund immer nur auf dem Hundeplatz stattgefunden haben, lassen sie sich auch nur da abrufen. Oder einfacher: Außerhalb des Hundeplatzes gehorcht er nicht. Es wurde versäumt, das Verhalten durch Variationen im Übungsablauf zu festigen.

Im Alltag oder beim Training ohne „Laborbedingungen" gibt es viele Faktoren, die sich auf eine Verknüpfung auswirken können. Ob und wie ein Hund etwas verknüpft, lässt sich daher nicht immer vorhersagen. Beispiel: Ein Hund berührt beim Spaziergang einen Strom führenden Weidezaun: Er schreit panisch auf, bestenfalls rennt er Schutz suchend zu seinem Menschen, im schlechtesten Fall rennt er kopflos davon. Nun gibt es mehrere Möglichkeiten, womit er den Schmerz verknüpft hat, z. B.

— mit dem Zaun selbst,
— mit den Kühen auf der Weide,
— mit dem Heißluftballon über ihm am Himmel,
— mit dem ebenfalls auf dem Feldweg gehenden Herrn oder dessen Spazierstock,
— mit der zeitgleich zu hörenden Autohupe,
— mit gar nichts.

Und so gibt es mehrere Möglichkeiten, wie er sich künftig bei einer Begegnung mit dem vermeintlichen Schmerzverursacher verhält: Meidet er Zäune oder Kühe? Wird er panisch bei Heißluftballons oder Autohupen? Ist er unsicher, wenn er auf ältere Herren trifft? Zeigt er Furcht vor Stöcken? Oder hat das Ereignis gar keinen bleibenden Eindruck bei ihm hinterlassen: Hat halt wehgetan, war nur halb so schlimm und ist schon längst vergessen? Alles ist möglich, nichts muss passieren.

Verstärkung

Hunde lernen eigentlich ständig: manchmal durch Beobachtung und Nachahmung, dann durch Verknüpfung unterschiedlicher Handlungen, das Ausschlussprinzip und Versuch und Irrtum. Dabei richten sie ihr Verhalten auch an den Reaktionen ihres Umfeldes aus. Folgt auf das Verhalten Ihres Hundes eine für ihn positive Erfahrung, wird er dieses Verhalten wahrscheinlich häufiger zeigen, um das zu wiederholen. Dieses Prinzip der positiven Verstärkung nutzen Sie, wenn Sie Ihren Hund belohnen. Folgt jedoch eine negative Erfahrung, wird der Hund dieses Verhalten vermutlich nicht mehr oder seltener zeigen. Nutzen Sie jede Möglichkeit, um Ihren Hund für ein erwünschtes Verhalten zu belohnen oder zu loben. Zeigen Sie ihm, dass Sie sich wirklich freuen und begeistert sind, wenn er etwas richtig gut gemacht hat. Belohnungen sind besonders beim Einüben neuer Signale sehr hilfreich. In der Anfangsphase wird das gewünschte Verhalten jedes Mal belohnt. Später reicht es oft aus, die korrekte Ausführung gerade einfacher Übungen verbal mit einem Lob zu bestätigen. Bestätigung ist immer wichtig und gute Leistung sollte niemals selbstverständlich sein.

Für manche Hunde ist ein Spiel die größte Belohnung und sie freuen sich, wenn sie für gute Leistung ihr Lieblingsspielzeug bekommen. Dieses sollte dem Hund nur dann gegeben werden und ihm ansonsten nicht zur Verfügung stehen. Auch Streicheleinheiten können eine Belohnung sein, etwa ein sanftes Kraulen unter dem Kinn.

Zeigt der Hund das gewünschte Verhalten ...

... gibt es zur Verstärkung des Verhaltens eine Belohnung.

EINFLÜSSE AUF DAS VERHALTEN

Um das Verhalten eines Hundes verstehen zu können, darf es nie isoliert betrachtet werden, sondern es müssen auch die darauf wirkenden Einflüsse einbezogen werden, z. B.

DER/DIE ANDERE

Begegnet ein Hund einem Menschen oder Artgenossen, wirkt es sich natürlich auf sein Verhalten aus, wie sein Gegenüber auftritt. Wahrt das Gegenüber die Regeln der höflichen Annäherung, schafft es eine entspannte Stimmung, drängt es sich auf oder ist es sogar bedrohlich? Ein Hund kann den emotionalen Zustand, wie Angst oder Aggression seines Gegenübers, anhand dessen Ausdrucksverhaltens und dessen Geruchs erfassen. Genetische Grundausstattung, Persönlichkeit und Erfahrungen bestimmen dann, wie tolerant der Hund gegenüber dem anderen sein kann. Wird er schon von einer freundlichen Annäherung verunsichert oder kann er sogar bei einem übergriffigen Gegenüber gelassen bleiben?

BEZIEHUNGEN

Die Emotionen des Hundehalters wirken sich unmittelbar auf den Hund aus. Besteht eine gute Beziehung oder gar Bindung zwischen Mensch und Hund, spiegelt der Hund die Emotionen seines Menschen, das wird als Stimmungsübertragung bezeichnet. Freude, Trauer, Angst, Aggression, ein seinem Menschen eng verbundener Hund nimmt das auf. Ist der Mensch bei einer Begegnung mit einem anderen Hund gelassen, zeigt sich auch der Hund entspannter. Ist der Mensch hingegen nervös, spiegelt sich das beim Hund mit Unsicherheit wider, kann aber auch dazu führen, dass der Hund jetzt Schutzverhalten zeigt und Frauchen oder Herrchen abschirmt. Findet der Hundehalter eine andere Person unsympathisch, kann das so weit gehen, dass der Hund bei Begegnungen droht, um Distanz einzufordern.

Stimmungsübertragung zeigt sich auch beim Training: Üben Sie möglichst nicht mit Ihrem Hund, wenn Sie genervt sind, unter Druck stehen oder Zeitnot haben. Denn dann gelingt das Training nicht! Der Hund wird auch ganz schnell nervös, kann sich nicht konzentrieren und macht Fehler. Der Mensch wird sauer – ein Teufelskreis beginnt. Deswegen: Üben Sie lieber, wenn Sie Zeit und Muße haben (siehe Seite 104).

Stabile, gute Beziehungen geben dem Hund Sicherheit und helfen ihm, mit seinem Menschen an seiner Seite auch schwierige Momente gelassener zu bestehen. Füllt der Mensch jedoch die Rolle des Familienoberhaupts nicht aus und nötigt durch Unterlassung den Hund, selbst aktiv zu werden und die Führung zu übernehmen, sind viele Vierbeiner schnell überfordert, ziehen sich zurück oder fallen durch Aggressivität auf.

Auch zwischen Hunden spielt die Beziehung eine entscheidende Rolle im Miteinander. Wie viel darf ein Hund sich beim Artgenossen trauen? Wer gibt grundsätzlich oder im Moment die Regeln vor? Dominanz ist keine Eigenschaft, sondern eine Beziehung zwischen zweien. Die Dominanz des einen ist nur möglich, weil sie vom anderen anerkannt wird. Und nicht, weil einer bestimmt, dominant zu sein. Beziehungen entscheiden über den Zugang zu Privilegien: Wer höhergestellt ist, hat u. a. mehr davon und kann entscheiden, welche er dem anderen zugesteht.

UMWELT

Temperatur, Witterung, Geräuschkulisse, Gerüche, optische Reize und noch viel mehr beeinflussen das Verhalten eines Hundes: Kaja, die kleine Rauhaardackeldame, vergisst alles um sich herum, wenn sie eine Wildfährte in die Nase bekommt.

Bajra, ein sonst cooler Herdenschutzhundmischling, kneift den Schwanz ein, legt die Ohren an und will nur noch nach Hause, wenn sie die Schüsse vom nahe gelegenen Schützenhaus hört.

Beziehungen haben großen Einfluss auf das Verhalten des Hundes und können z. B. Ruhe und Sicherheit geben.

Da geht's richtig zur Sache. Die Hündin (rechts) hat nicht so viel Spaß.

Windhund Mina liebt es, im Schnee zu toben, bei Regen möchte sie am liebsten keinen Fuß vor die Tür setzen.

Afghane Shalim war ein offener und ausgesprochen menschenfreundlicher Hund. Doch roch er bei einem männlichen Spaziergänger Alkohol, schaltete er direkt in den Abwehrmodus und musste gebremst werden. Dieses Schutzverhalten entstand vermutlich bei seinem Vorbesitzer, der alkoholabhängig war.

Wie Umwelteinflüsse auf einen Hund wirken, kann genetisch begründet sein, wie Kajas gute Nase, beruht oft aber auf Erfahrungen, wie bei Bajra, Mina und Shalim. Doch selbst genetisch bedingte Eigenschaften können häufig durch Erfahrung beeinflusst werden, so verbessert sich z. B. Kajas Geruchssinn durch entsprechendes Training.

RESSOURCEN

Ressourcen für einen Hund sind z. B. Nahrung, Territorium (Haus/Garten/Auto), Ruheplätze, Wasser (bei Hitze) und je nach Wichtigkeit Spielzeuge. Ressourcen werden umso wichtiger, je knapper sie sind. Angebot und Nachfrage sind die Taktgeber. Warum sich streiten, wenn etwas im Überfluss vorhanden ist? Ganz anders sieht es aus, wenn der Hund Sorge hat, zu kurz zu kommen.

Susanne: „Ich habe auf dem Hundeplatz erlebt, dass es bei Hitze richtige Kämpfe um den Wassernapf gab, sogar bei Welpen. Der Napf wurde regelrecht belagert und abgeschirmt, ein Labrador legte sich sogar demonstrativ hinein. Und auch sonst war der Platz am Napf begehrt, denn wer trinkt, wird von den anderen scheinbar in Ruhe gelassen. Das bietet dem Hund die Möglichkeit, sich kurz aus dem Trubel herauszunehmen und zu beruhigen. Tipp: Auf dem Gelände von Hundeschulen oder Hundevereinen sollten immer mehrere Wassernäpfe stehen. Das beugt Auseinandersetzungen und Stress vor."

Zugang zu Ressourcen hat auch mit Status zu tun. Wer hoch im Status ist, wird eher vorgelassen bzw. kann sich nehmen, was er will: Susanne: „Stellte sich meine Whippethündin Kate vor ein belegtes Körbchen, dauerte es

Sie ist körperlich unterlegen und kann sich nicht entziehen.

Der Rüde entlässt sie nicht aus dem „Spiel.".

nicht lange, bis der darin liegende Hund wegging, um ihr den Platz zu geben." Dabei ist Ruheplatz nicht gleich Ruheplatz: Kurzhaarige Windhunde lieben es sehr kuschelig: Stehen da fünf Hundebetten, wollen alle in das mit der besonders weichen Decke. Ob und wie intensiv Ressourcen beansprucht werden, wird durch mehrere Faktoren beeinflusst: Wer einen hohen Status hat, kann auf eine Ressource verzichten und sie anderen überlassen, ohne sich einen Zacken aus der Krone zu brechen. Und warum sollte ein Hund ein Spielzeug verteidigen, das ihm egal ist? In der Regel hat die Ressource einen hohen Stellenwert, die dem Hund wichtig ist.

KÖRPERLICHE VERFASSUNG

In der gleichen Situation verhält sich ein und derselbe Hund anders, je nachdem, ob er sich wohlfühlt oder nicht. Denn natürlich spielt auch das körperliche Befinden beim Verhalten eine große Rolle. Um Verhalten einschätzen zu können, sollten im Zweifelsfall auch folgende Aspekte berücksichtigt werden:

Ist der Hund gesund und topfit, hat er körperliche Beschwerden, eine chronische Erkrankung, Schmerzen oder ist er müde? Wie ist sein Ernährungszustand: Ist er ausgewogen ernährt, zu dick oder unterernährt? Fehlen ihm bestimmte Nährstoffe? Denn ohne Zweifel wirkt sich die Ernährung auf das Verhalten aus, und das sogar auch ganz direkt: Ob ein Hund Hunger schiebt, satt ist oder sich gerade heillos überfressen hat, hat Einfluss auf sein aktuelles Befinden. Wie ist der Hormonstatus? Ist die Hündin läufig oder macht sie gerade eine Scheinmutterschaft mit entsprechend hormonellem Ausnahmezustand durch? Weiß der Rüde gar nicht mehr, wohin mit all seinem Testosteron und steht ihm schon von Weitem „Macho" auf der Stirn geschrieben? Funktioniert die Schilddrüse korrekt oder ist der Hund wegen einer Unterfunktion vielleicht schnell erschöpft und leicht reizbar? Ist er alt, funktionieren seine Sinne nur noch reduziert, ist er körperlich eingeschränkt oder geistig nicht mehr so beweglich?

Hunde können auch beim Verhalten gegenüber Tieren immer wieder überraschen und neue Wege gehen.

SITUATIVES VERHALTEN

Heike: „Wenn ich eins ganz sicher über Hunde weiß, dann das: Es gibt nichts, was es nicht gibt. Sie verblüffen mich immer wieder."
Sie glauben, Ihren Hund zu kennen? Sie lassen Ihr Wissen über Genetik, Lebens- und Lernerfahrungen sowie andere Einflüsse in die Betrachtung seines Verhaltens einfließen? Und trotzdem wird es Momente geben, in denen er Sie überraschen wird! Denn: Ungewöhnliche Situationen erfordern ungewöhnliche Lösungen. Die Geschichte von Hund und Katz, mal ganz anders.

Shalim, der Afghanische Windhund und Tiger, der rotweiß gestreifte Nachbarskater, lebten eine Hund-und-Katz-Beziehung nach klassischem Muster: Hund sieht Katze, Hund jagt Katze. Katze weiß, wie lange die Flexileine des Hundes ist. Katze sieht Hund und Frauchen vom Spaziergang zurückkommen. Katze positioniert sich möglichst nah, aber trotzdem in sicherer Entfernung, frontal vor Hund. Hund sieht Katze, gibt Gas und wird kurz vor Katze durch die Leine gestoppt. Katze bleibt sitzen und schaut Hund an (der

menschliche Beobachter ist sich ganz sicher, im Blick Hohn und Spott zu erkennen, zumindest aber Vergnügen). Hund wird von Frauchen weggeführt, Katze trollt sich zufrieden. Doch eines Tages war alles anders. Hund und Frauchen wollen spazieren gehen. Die Haustür wird geöffnet. Hund steht auf der Schwelle, direkt unter ihm liegt die Katze sich sonnend auf der Fußmatte. Hund schaut runter zur Katze. Katze schaut hoch zum Hund. Beide völlig perplex. Sekunden dauern gefühlt Minuten. Frauchen gewinnt ihre Fassung zurück und will gerade eingreifen, da hebt Hund ein Vorderbein und steigt ganz langsam über die Katze. Katze bleibt liegen. Beide trennen sich, ohne noch einmal vom anderen Notiz zu nehmen. Dieser Moment hat alles verändert. Hund jagt Katze nicht mehr. Katze ärgert Hund nicht mehr. Waffenstillstand. Von nun an begegnete man sich höflich, doch distanziert (der menschliche Beobachter meinte dann, jeweils ein angedeutetes Kopfnicken zu beobachten).

Verhaltensmuster, und scheinen sie auch noch so eingefahren zu sein, können verändert werden. Es gibt immer andere Optionen.

PERSÖNLICHKEITSTYPEN

Die Persönlichkeit entscheidet wesentlich darüber, wie ein Hund sich in einer Situation verhält. Hatten Sie schon einmal das Vergnügen, sich mit einem Wurf Welpen beschäftigen zu können?

Wenn Sie die Rasselbande länger beobachten, werden Ihnen schon bald kleine Unterschiede auffallen: Ist es nicht immer der kleine moppelige Rüde, der abseits allein so selbstversunken mit Ästen und Laub spielt? Ist es nicht die zierliche Hündin mit den weißen Pfoten, die Sie meist zuerst begrüßt? Bewacht und verteidigt nicht immer die Lockige den Napf? Und ist es nicht der Rüde mit dem winzigen Wirbel auf der Stirn, der nicht genug davon bekommt, mit seinen Geschwistern zu spielen? Bald werden Sie viel mehr Unterschiede im Verhalten beobachten, als Sie es bei so jungen Hunden vermutet hätten.

Doch was Sie da sehen, ist nur eine Momentaufnahme und sagt wenig darüber aus, welche Persönlichkeit der Hund in einem Jahr haben wird. Denn die Persönlichkeit verändert sich im Lauf des Lebens, vor allem durch Erfahrungen. So lassen sich bei Welpen bestenfalls Tendenzen erkennen, doch die Persönlichkeit eines Hundes wirklich einzuschätzen, geht erst beim erwachsenen Tier. Was sich jedoch nicht ändert, ist der Grundtyp, der durch Erbanlagen sowie die Erfahrungen des noch sehr jungen Welpen entsteht.

A-Typ = proaktiv = wagemutig

Er geht vor, ist neugierig, wagemutig, gerne mittendrin, ergreift eher die Initiative und gibt oft auch gerne den Ton an, zeigt sich eher aufmüpfig und stellt Grenzen eher infrage. Grundmuster: aktiv.

B-Typ = reaktiv = scheu

Er wartet erst einmal ab, schaut sich die Sache lieber noch einmal an, denkt darüber nach, ist meist gehorsamer und unterwürfiger, hält gerne etwas Abstand, ist eher zaghaft. Grundmuster: passiv.

Ohne zu zögern geht der Boxer nach vorne.

Er traut der Sache nicht und tastet sich lieber vorsichtig heran.

TEST: WELCHER TYP IST IHR HUND?

Dieser Test gibt Anhaltspunkte für die Grundpersönlichkeit Ihres Hundes. Kreuzen Sie auf der Skala in jeder Zeile das Kästchen an, das Sie für Ihren Hund passend finden.

Test ausgefüllt? Sind die meisten Kreuze in Spalte 1 und 2, entspricht Ihr Hund eher dem tatkräftigen A-Typ, finden sich mehr Kreuze in Spalte 4 und 5, dem unaufdringlichen, bedächtigen B-Typ. Und manche Hunde lassen sich gar nicht so richtig zuordnen.

Es ist nicht besser oder schlechter für einen Hund, Typ A oder Typ B zu sein, denn es sind zwei ganz unterschiedliche Persönlichkeiten. Kurzfristig hat sicher die A-Persönlichkeit Vorteile, langfristig ist das aber oft die B-Persönlichkeit. Der Erfolg (bewältigbares, zufriedenes Leben, allgemeinsprachlich auch glückliches, wie auch immer definiert) hängt vielmehr von den Lebensumständen ab. Dabei spielt insbesondere eine Rolle, ob der

MEIN HUND	A-TYP			B-TYP		MEIN HUND
	1	2	3	4	5	
geht schnell auf Menschen zu						hält eher Abstand
geht schnell auf unbekannte Hunde zu						hält eher Abstand
geht schnell auf unbekannte Objekte zu						hält eher Abstand
ist gerne mitten im Geschehen						wirkt scheu
ergreift die Initiative						wartet ab
handelt spontan						handelt bedacht
handelt schnell						handelt zögerlich
widersetzt sich						fügt sich
übernimmt die Führung						ist folgsam
bestimmt die Handlung						ist eher zaghaft

Mensch zum Hund passt bzw. sich auf dessen Persönlichkeit einstellen kann (siehe Seite 23). Denn auch bei Menschen gibt es A- und B-Typen, genau wie bei anderen Tieren. Je nach Kombi kann es sein, dass Mensch und Hund sich z. B. in Diskussionen aufreiben, sich sehr schwer mit Struktur und/oder Kommunikation tun, vielleicht auch eventuell vorhandene Unsicherheiten und Ängste befeuern oder im besten Fall prima harmonieren. So wurde u. a. bei Wolfsrudeln untersucht, dass die Leitpaare am erfolgreichsten sind, die aus einem A-Typ und einem B-Typ bestehen, das ergänzt sich in diesen Fällen einfach optimal. Übrigens: Die Grundpersönlichkeit ist zum Teil vererbbar. Überwiegt bei den Vorfahren eine, gibt es eine erhöhte Wahrscheinlichkeit, dass auch die Nachkommen diese Grundpersönlichkeit haben.

TESTERGEBNISSE EINORDNEN

Die Ergebnisse dieses und der folgenden Tests können nur Anhaltspunkte zur Einschätzung des Hundes sein und Ihnen eine Idee dazu vermitteln. Wenn Sie mehr wissen wollen, sollten Sie das gemeinsam mit einem erfahrenen Hundetrainer tun.

Nicht immer lässt sich eindeutig ein Persönlichkeitstyp zuordnen und es muss nicht immer eine klare Tendenz erkennbar sein. Denn natürlich gibt es Hunde, die mehr oder minder große Ausschläge in beide Richtungen haben. Bei solchen Mischformen ist die Einschätzung des Hundes sehr anspruchsvoll.

TYP UND STRESSHORMONE

Der A-Typ schüttet in Stressmomenten die Hormone Adrenalin und Noradrenalin aus. Dadurch wird blitzschnell die körperliche Leistungsfähigkeit gesteigert, u. a. erhöhen sich Herzfrequenz, Herzleistung, Atmung und Energieversorgung. Sein Körper ist nun auf Kampf oder Flucht programmiert.

Der B-Typ antwortet in Stresssituationen mit der Ausschüttung von Cortisol, er wirkt noch unentschlossener und passiver.

Beobachten und abwarten ist typisch für den B-Typ.

Lange andauernder Stress kann schwere Krankheiten verursachen. Beim A-Typ ist vor allem das Herz-Kreislauf-System betroffen. Das Cortisol beim B-Typ dämpft das Immunsystem und kann langfristig z. B. zu Diabetes, anderen Stoffwechselerkrankungen und vermindertem Kurzzeitgedächtnis führen. Fühlt sich der B-Typ in einer anhaltenden, scheinbar ausweglosen Situation, z. B. in einer von Misshandlung geprägten Beziehung, kann daraus sogar eine erlernte Hilflosigkeit werden. Ist einmal ein hoher Cortisolspiegel im Blut erreicht, steigt der Spiegel auch künftig rascher auf ein hohes Niveau an. Dies kann z. B. auch zu gesteigerter Unsicherheit oder Angstreaktionen führen.

PERSÖNLICHKEITS-ACHSEN

Finden Sie beim Typen-Test Ähnlichkeiten zu Ihrem Hund, doch so ganz passt es noch nicht? Es gibt eben nicht nur schwarz und weiß, Verhalten ist bunt, hat viele Nuancen und Kombinationen. Deswegen gibt es weitere Faktoren zur Persönlichkeitseinschätzung, vergleichbar mit dem Fünf-Faktoren-Modell (Big Five) der Human- und vergleichenden Persönlichkeitspsychologie. Die folgenden Tests können Ihnen eine erste Einschätzung Ihres Vierbeiners geben:

1. EMOTIONALE STABILITÄT

Die Erziehung hat einen hohen Anteil daran, ob ein Hund schnell in Rage gerät, gut mit Frustration umgehen kann oder launenhaft ist. Dazu ist es durchaus nachvollziehbar, dass da das körperliche Befinden eine Rolle spielt: Wer Schmerzen, Hunger oder z. B. hormonelle Probleme hat, ist schneller gereizt. Und was

Sie schon immer geahnt haben, ist wissenschaftlich bestätigt: Kleine Hunde regen sich meist schneller auf als große.

Auswertung: Kreuze in den Spalten 1 und 2 stehen für unterdurchschnittliche emotionale Stabilität, Kreuze in den Spalten 4 und 5 für überdurchschnittliche.
Lässt die emotionale Stabilität eines Hundes zu wünschen übrig, kann das noch verbessert werden, denn an der Erziehung können Sie immer arbeiten, gerne mit Unterstützung eines guten Hundetrainers. Dazu braucht der Hund Ihre Führung, die ihm einen Rahmen gibt, ein stabiles, möglichst unaufgeregtes Umfeld und am besten auch tägliche Routine, die ihm Sicherheit gibt.

2. OFFENHEIT/TRAINIERBARKEIT

Früher wurde dies oft als „Trainierbarkeit" bezeichnet. Doch diese Trainierbarkeit ist nicht gleichzusetzen damit, wie gut ein Hund erzogen werden kann, denn hier spielt es eine Rolle, ob er offen für neue Erfahrungen ist, wie groß seine Motivation zu lernen ist und in welchem Maße er das Erlernte umsetzen kann. Das Erkundungsverhalten ist bis zu einem gewissen Grad zwar angeboren. Trotzdem spielt es hier auch eine Rolle, ob ein junger Hund vielfältige Reize, Zuwendung und Förderung

☞ EMOTIONALE STABILITÄT

MEIN HUND	1	2	3	4	5	MEIN HUND
wechselt schnell die Stimmung						ist emotional ausgeglichen
regt sich schnell auf						ist meist gelassen
ist schnell frustriert						hat eine hohe Frustrationstoleranz
ist schnell gereizt						kann viel aushalten

☞ **OFFENHEIT**/TRAINIERBARKEIT

MEIN HUND	1	2	3	4	5	MEIN HUND
meidet Neues/Unbekanntes						erkundet Neues/Unbekanntes
lernt ungern						lernt gern
lernt langsam						lernt schnell
hat wenig Ideen						ist erfindungsreich
versteht neue Spiele langsam						versteht neue Spiele schnell
bleibt bei bekannten Lösungswegen						findet neue Lösungswege

bekommen hat, damit er sein Erkundungsverhalten weiter ausbauen konnte. Wurde er bei seinen Erkundungen unterstützt, vertraut er darauf, dass sein Mensch ein „Sicherheitsnetz" für ihn bereithält? Wurde er bestätigt, wenn er sich was getraut hat? Wurde er bestätigt, wenn er was richtig gemacht hat? Gab es Erfolgserlebnisse? Wurde mit ihm geübt?
Auswertung: Kreuze in den Spalten 1 und 2 stehen für unterdurchschnittliche Trainierbarkeit des Hundes bzw. die jeweiligen Teilaspekte, Kreuze in den Spalten 4 und 5 für überdurchschnittliche.
Junge Hunde müssen lernen, zu lernen. Nur dann tun sie es mit Freude und Erfolg. Wurde das versäumt, lässt sich das Defizit bei älteren Hunden minimieren, jedoch nie ganz beheben. Trotzdem kann auch der ältere Hund noch so viel lernen, damit er sich dem Leben seines Menschen anpassen kann. Denn mehr braucht es meist nicht.
Heike und Susanne: „Wir haben beide ältere Hunde aufgenommen, manche hatten vorher keine stabilen Beziehungen zum Menschen, andere haben nur wenig kennengelernt. Es hat uns immer wieder erstaunt, wie viel sie noch gelernt haben und wie viel Spaß sie dabei hatten. So stolz wir auf sie auch waren, bedauerten wir es doch immer, dass ihre Begabungen in jungen Jahren so wenig gefördert wurden."

3. GESELLIGKEIT
Der Grundstein dafür, wie kontakt- und spielfreudig ein Hund gegenüber Artgenossen und Menschen ist, wird in seiner Sozialisation gelegt (siehe Seite 76), also in der Zeit, in der er seine Umwelt, Artgenossen und Menschen kennenlernt. Ein weiterer Aspekt kann seine Rasse sein, denn niemand wird bestreiten, dass z. B. ein Labrador in der Regel (Ausnahmen gibt es immer) geselliger ist als ein Herdenschutzhund.
Die Geselligkeit eines Hundes kann in aller Regel gezielt gefördert werden, z. B. durch seine Teilnahme im jungen Alter an einem Welpen- und Junghundespiel und/oder durch Spaziergänge auf Strecken oder in Gebieten, wo der Vierbeiner häufig auf Artgenossen trifft und/oder Verabredungen mit Hundefreunden bzw. Hundegruppen.

☞ GESELLIGKEIT MIT MENSCHEN

MEIN HUND	1	2	3	4	5	MEIN HUND
ignoriert/meidet fremde Menschen						geht offen und häufig auf fremde Menschen zu
ignoriert Interaktionsangebote von ihm bekannten Menschen						geht häufig auf Interaktionsangebote von ihm bekannten Menschen ein
ignoriert Interaktionsangebote von ihm fremden Menschen						geht häufig auf Interaktionsangebote von ihm fremden Menschen ein

☞ GESELLIGKEIT MIT HUNDEN

MEIN HUND	1	2	3	4	5	MEIN HUND
ignoriert/meidet andere Hunde						geht offen und häufig auf andere Hunde zu
meidet die Nähe zu anderen Hunden						toleriert in der Regel die Nähe anderer Hunde
wird von anderen Hunden ignoriert/gemieden						ist beliebt, andere Hunde suchen die Nähe zu ihm
hält sich bei Hundegruppen meist am Rand/außerhalb des Geschehens auf						hält sich bei Hundegruppen meist mitten im Geschehen auf
zeigt häufig Drohverhalten bei Artgenossen						kommt mit den meisten Hunden gut aus
fordert Artgenossen nicht zum Spielen auf						fordert Artgenossen häufig zum Spielen auf
geht nicht auf Spielaufforderungen seiner Artgenossen ein						geht meist auf Spielaufforderungen seiner Artgenossen ein
wird von Artgenossen kaum zum Spielen aufgefordert						wird von Artgenossen häufig zum Spielen aufgefordert
hat kein Interesse an gemeinsamen Aktivitäten mit Artgenossen						hat großes Interesse an gemeinsamen Aktivitäten mit Artgenossen

Auswertung: Kreuze in den Spalten 1 und 2 stehen für unterdurchschnittliche Geselligkeit bzw. die jeweiligen Teilaspekte, Kreuze in den Spalten 4 und 5 für überdurchschnittliche. Mit Artgenossen gesellige Hunde und ihre Menschen haben es im Leben meist leichter, zumindest gibt es im Alltag weniger stressige Hundebegegnungen. Ist ein Hund der mit Menschen weniger gesellige Typ, kann er zu seinem Menschen trotzdem eine innige Beziehung aufbauen.

Gesellige Hunde suchen Kontakt.

4. EXTROVERTIERT- ODER INTROVERTIERTHEIT

Ob ein Hund eher nach außen oder innen gekehrt, der „Hoppla-hier-komm-ich-Typ" oder das „stille Wasser" ist, hängt auch mit der Rasse zusammen, so hat beispielsweise ein Labrador ein ganz anderes Auftreten als ein Neufundländer.

Auswertung: Kreuze in den Spalten 1 und 2 stehen für Introvertiertheit, Kreuze in den Spalten 4 und 5 für Extrovertiertheit. Genau wie bei der Grundpersönlichkeit ist nicht das eine oder andere Ergebnis besser oder schlechter, viel wichtiger ist die Passung zum Menschen und dessen Fähigkeit, mit seiner Extro- bzw. Introvertiertheit umzugehen. Und auch der Aspekt, ob der Hund eine Aufgabe hat, bei der eine Eigenschaft von Vorteil ist , spielt bei der Bewertung eine wichtige Rolle. So neigt z. B. bei Aktivitäten, die auf Geschwindigkeit und Wiederholung ausgerichtet sind, der extrovertierte Typ eher zum Suchtverhalten (siehe Seite 126). Ein Therapiehund hingegen, der mit Menschen arbeitet, die sehr zurückhaltend sind, darf gerne selbst eine Portion Introvertiertheit haben, damit er nicht zu forsch und einschüchternd wirkt.

☞ EXTROVERTIERTHEIT/INTROVERTIERTHEIT

MEIN HUND	1	2	3	4	5	MEIN HUND
tritt eher zurückhaltend, fast unscheinbar auf						ist der „Hoppla-hier-komm-ich-Typ"
trägt seine Empfindungen wenig nach außen						gibt seinen Empfindungen deutlich Ausdruck
zieht sich zurück, wenn ihm was nicht passt						„beschwert" sich, wenn ihm was nicht passt
sucht keinen Kontakt zu anderen Hunden						sucht Kontakt zu anderen Hunden
sucht keinen Kontakt zu fremden Menschen						sucht Kontakt zu fremden Menschen

Kleine Herausforderung im Umfeld fördern schon bei Welpen die Ausdauer.

5. GEWISSENHAFTIGKEIT

Wie ausdauernd ist ein Hund, wenn es darum geht, eine Aufgabe zu lösen? Gibt er schnell auf oder ist er eher der hartnäckige Typ. Die Gewissenhaftigkeit hängt auch davon ab, ob ein Hund in jungem Alter entsprechend gefordert wurde.

Auswertung: Kreuze in den Spalten 1 und 2 stehen für unterdurchschnittliche Gewissenhaftigkeit bzw. Konzentration, Kreuze in den Spalten 4 und 5 für überdurchschnittliche. Passen die Fragen nicht zu Ihrem Hund, überlegen Sie sich eine Situation aus dem Alltag, in der er zeigen kann, wie gewissenhaft er ist. Doch bedenken Sie: Faktoren, die beeinflussen, wie ausdauernd er an der Lösung einer Aufgabe arbeitet, gibt es viele: Interessiert er sich überhaupt für die Aufgabe? Geht es um Futterbelohnungen stellt sich die Frage, ob er verfressen ist oder ihm dieses spezielle schmeckt? Geht es um Spielzeug, ob er grundsätzlich damit spielt. Geht es um eine Übung, ob er eine Idee von der Lösung hat. Und es geht um Sie: Bieten Sie Ihrem Hund die Gelegenheit, seine Gewissenhaftigkeit unter Beweis zu stellen, und fördern Sie ihn dabei?

AUSDAUER STEIGERN

Heike: „Beim Spaziergang werfe ich gerne Leckerchen für meine Hunde, damit sie diese suchen. Dackel Paul ist da sehr gewissenhaft und zeigt bei der Suche viel Ausdauer. Windhund Mina, die jetzt seit 17 Monaten bei uns lebt, war da ganz anders. Hat sie nicht gesehen, wohin das Leckerchen gefallen ist, gab sie sofort auf und forderte ein neues. Deswegen motivierte ich sie stets, weiterzusuchen. Doch ich vermied es, ihr das Leckerchen zu zeigen. Vielmehr lotste ich sie wie zufällig in die passende Richtung oder – wenn sie partout eine ganz falsche Richtung eingeschlagen hatte – platzierte ich unbemerkt ein weiteres Leckerchen in ihrer Suchrichtung, damit sie immer einen Erfolg hatte. So verbesserte sich ihre Ausdauer stetig. Heute macht sie das richtig gut und hat Spaß dabei. Und wenn sie einmal aufgibt, kann ich sie mit der Frage: ‚Wo ist es denn?‘, schnell wieder motivieren. Spiele ich das in Gegenwart anderer Personen, neigen diese oft dazu, dem Hund die Suche zu erleichtern, und zeigen ihm das Leckerchen. Der Hund hat zwar einen schnellen Erfolg, doch gerade bei der Nasenarbeit ist der Weg das Ziel. Es geht nicht um das schnelle Fin-

Dranzubleiben zahlt sich aus, denn wer durchhält, ...   *... der bezwingt den Wäschekorb!*

den, sondern um das gewissenhafte Suchen. Schon das Suchen macht dem Hund Spaß, beschäftigt ihn sinnvoll und die Belohnung kann er sich dann tatsächlich verdienen. Untersuchungen am Menschen haben gezeigt, dass redlich verdienter Lohn einen viel höheren Stellenwert hat als solcher, für den nicht gearbeitet wurde."

Susanne: „Beim Apportiertraining werden junge Hunde ebenfalls schrittweise zum gewissenhaften Suchen angeleitet. Die Dauer der Suche wird stets etwas ausgedehnt und der Anspruch etwas größer, doch es muss immer gewährleistet sein, dass die Suche Erfolg bringt. So bleibt ein Hund auch motiviert, wenn die Suche schwieriger ist."

☞ GEWISSENHAFTIGKEIT

MEIN HUND	1	2	3	4	5	MEIN HUND
Ausdauer: Sie werfen ein Leckerchen* ins Gras, Ihr Hund findet es nicht sofort. Nach einmal vergeblichem Suchen gibt er auf.						Sie werfen ein Leckerchen ins Gras, Ihr Hund findet es nicht sofort. Er sucht so lange, bis er es gefunden hat.
Konzentration: Er lässt sich leicht von einer Aufgabe/Beschäftigung ablenken.						Konzentration: Er lässt sich nur selten von einer Aufgabe/ Beschäftigung ablenken.
Er gibt schnell auf, wenn er eine für ihn anspruchsvolle Aufgabe lösen soll.						Er hört erst auf, wenn er seine Aufgabe erledigt hat.

* Falls Ihr Hund nicht verfressen ist, verwenden Sie ein Spielzeug oder einen anderen Ihrem Hund wichtigen Gegenstand.

HUNDEPERSÖNLICHKEITEN
— *ein Interview*
mit Udo Gansloßer

PD Dr. Udo Gansloßer betreut zahlreiche Forschungsprojekte über Hunde, vor allem zu Sozialbeziehungen und sozialen Mechanismen, gibt u. a. Seminare für Hundehalter und berät bei Verhaltensproblemen (www.einzelfelle.de).

Was hat den größten Einfluss auf das Verhalten?

Wenn es EINEN Faktor gibt, der wirklich überragend wirkt, dann ist es sicher die Umgebung in den ersten Lebensmonaten, wobei dabei allerdings sowohl Umweltfaktoren wie Persönlichkeit und Umgang der Mutter zu betrachten sind. Nach den neuesten Ergebnissen aus Labortierstudien wird gerade der epigenetische, also der Erfahrungsbeitrag des Vaters, auch mit zu berücksichtigen sein.

Wieso sind manche einmaligen Ereignisse so bedeutend für das Verhalten?

Die Frage individueller Resilienz, also der psychischen Widerstandskraft gegen formende Außenreize, ist ja selbst bei der Traumaentstehung des Menschen noch unklar. Persönlichkeitsfaktoren, die dabei unter anderem wirken können, sind einmal die sogenannte kognitive Verzerrung, auch kognitiver Filter genannt. So ist auch bei Hunden mittlerweile nachgewiesen, dass es Optimisten und Pessimisten gibt. Und ebenfalls bei Hunden leiden die Optimisten viel seltener an Trennungsstörung, Angstproblemen etc.

Andererseits ist der Persönlichkeitsfaktor Beharrlichkeit und Gewissenhaftigkeit zu nennen. Bei Menschen aus Kriegsgebieten und Labortieren zeigt sich zudem, dass eine bestimmte Genvariante, die ein besonders gutes Gedächtnis bewirkt, auch das Risiko eines Traumas erhöht.

Wie groß ist der genetische Einfluss bei der Persönlichkeit (A-Typ und B-Typ)?

Erblichkeitsbestimmungen, und zwar nicht nur bei Hunden, geben für die Grundpersönlichkeiten scheu und wagemutig ca. ⅓, für die Achsen des Fünf-Faktoren-Modells (emotionale Stabilität, Offenheit für neue Erfahrungen, Geselligkeit, Extraversion und Gewissenhaftigkeit) meist ca. 20–25 Prozent.

Dabei muss man aber wissen, dass mit diesem Erblichkeitswert der Beitrag genetischer Faktoren zur VARIATION dieses Merkmals innerhalb einer Population gemessen wird. Wenn also zwischen dem scheuesten und dem wagemutigsten Hund einer Rasse und Generation 100 Punkte Unterschied sind, können ca. 30 davon durch die Werte der Eltern vorhergesagt werden.

01

02

03

Stimmt es, dass Hunde Charaktereigenschaften Ihrer Menschen zeigen/übernehmen, je länger sie zusammenleben? Warum?

Beziehungen sind immer ein Teamwork. Die gegenseitige Anpassung aneinander ermöglicht ein zunehmend erfolgreicheres Kooperieren, ob im Rahmen von zu lösenden Aufgaben oder im Bereich emotionaler Unterstützung. Daher ist eine solche Abstimmung, die es übrigens auch z. B. zwischen Paarpartnern von Langzeit-Paaren bei anderen Tierarten gibt, sicher evolutiv vorteilhaft.

Bei der Umsetzung spielen sicher soziales Lernen, Stimmungsübertragung, Empathie und möglichst feinfühliges Beobachten des Partners wichtige Rollen.

01 *Udo Gansloßer ist Privatdozent für Zoologie an der Universität Greifswald und Lehrbeauftragter für Spezielle Zoologie der Universität Jena. Neben Unterrichts- und Seminartätigkeiten und Beratungen für Zoos und Tierparks gibt er als Mitglied verschiedener Gremien der Europäischen Zoo Assoziation EAZA Kurse in Verhaltensbiologie und Tiergartenbiologie. Als Autor und Herausgeber zahlreicher Fachbücher sind die Schwerpunkte Hunde, Verhalten und Verhaltensbiologie.*

02 *Die Persönlichkeit eines Hundes wird auch durch seine Gene beeinflusst.*

03 *Die Umgebung in den ersten Monaten hat großen Einfluss auf die Verhaltensentwicklung.*

RASSETYPISCHE EIGENSCHAFTEN

Sie wurden gezüchtet, um Kaninchen zu apportieren, das Vieh, den Hof und das Heim zu bewachen; die Herde zusammenzuhalten; Hase, Reh und Wildschwein zu verfolgen, Fuchs und Dachs aus dem Bau zu treiben oder ganz einfach, um angenehme Gesellschafter zu sein. Jede Rasse hatte ihre ureigenste Aufgabe zu erfüllen, und diese Aufgaben erfordern oft ein ganz spezielles Verhalten.

DER WOLF IM BORDER COLLIE

Die Überschrift könnte auch lauten: „Der Wolf im Dackel, im Labrador oder im Spitz". Denn all das, was diese Hunde ausmacht, haben sie vom Wolf. „Der Wolf", das ist der Vorfahr, den der heutige Eurasische Wolf und der Haushund mit all seinen Variationen gemein haben, bevor sich ihre Wege trennten. Dieser Vorfahre hatte viele Eigenschaften, sei es das Bewachen des Territoriums, die soziale Kompetenz oder die Jagd mit allen dazugehörigen Techniken. Und je nach Bedarf des Menschen wurden einzelne Eigenschaften gefördert. Das geschah vermutlich, indem Wölfen und später Hunden, die eine bevorzugte Eigenschaft besonders ausgeprägt zeigten, durch bewusste (z. B. gezielte Fütterung) oder indirekte Bevorzugung (z. B. Zugang zu sicheren Schlafstätten oder Nahrung) ein Vorteil gewährt wurde, der auch zur überdurchschnittlich erfolgreichen Fortpflanzung führte. Erst später wurde ganz gezielt mit Hunden gezüchtet, die gewünschte Eigenschaften in besonderem Maß zeigten.

SELEKTION

Jeder Rasse werden ganz bestimmte Eigenschaften und Verhaltensweisen zugeschrieben. Sogar bei Mischlingen kann man oft durch ihr Verhalten die beteiligten Rassen vermuten. Ein Wendepunkt in der Hundezucht kam Ende des 19./Anfang des 20. Jahrhunderts, als statt auf das Verhalten und bestimmte Eigenschaften immer mehr Wert auf ein definiertes Äußeres gelegt wurde, was auch Auswirkungen auf das Verhalten hatte und noch immer hat. Denn manche Gene, die für ein äußeres Erscheinungsmerkmal zuständig sind, wirken sich auch auf das Verhalten oder die Gesundheit aus. Trotz allem ist die ursprüngliche Hauptaufgabe, für die unsere Hunde gezüchtet wurden, tief in ihnen verwurzelt und entscheidend für ihr Verhalten.

Das Erbe des Wolfes findet sich in allen Hunden mehr oder weniger ausgeprägt.

Die ersten geförderten Eigenschaften könnten Zahmheit, Jagdverhalten und Bewachen gewesen sein. Waren die frühen Hunde vermutlich noch Allrounder, entstanden zuerst Hundetypen und im Lauf der Jahrhunderte immer weiter spezialisierte Rassen. Aktuell sind wir bei über 400 anerkannten Rassen, und es gibt besonders bei den Hüte- und Treibhunden und vor allem bei den Jagdhunden für fast jedes Einsatzgebiet die entsprechende Rasse. Hunde, die dem Wolf noch recht nahestehen, wie z. B. Basenji, Dingo, Afghanischer Windhund und Schlittenhunde, zeigen sich unabhängiger als später gezüchtete Rassen. Ganz besonders Rassen, die zur engen Zusammenarbeit mit dem Menschen gezüchtet wurden, wie die Hütehunde, zeigen sich kooperativer.

AUFPASSEN

Bewacht ein Hund sein Territorium, z. B. Haus und Garten, zeigt er territoriales Verhalten. Den engsten Lebensraum zu sichern und Eindringlinge zu melden bzw. abzuwehren, ist eine der wichtigsten Aufgaben in einem Wolfsrudel. Da kommt es darauf an, dass jeder mitmacht und Augen und Ohren aufhält. Bei Hunden ist das nicht anders. Bellt Ihr Hund am Gartenzaun oder an der Wohnungstür, macht er nur seinen Job! Bei manchen Hunden ist das weniger ausgeprägt. Bei anderen Rassen war territoriales Verhalten eine der Haupteigenschaften im Rahmen der Selektion und entsprechend engagiert werden Fremde verbellt, misstrauisch beäugt oder am Herankommen gehindert. Typische Vertreter

33

sind die Hofhunde, wie der bellfreudige Deutsche Spitz, und die eindrucksvollen und ernsthaften Herdenschutzhunde, wie Pyrenäen Berghund, Kangal oder Owtscharka. Hunde, die in ihrer frühen und/oder späteren Historie für Wach- und vor allem Schutzaufgaben gezüchtet wurden, z. B. die Deutschen und Belgischen Schäferhunde, Rottweiler, Boxer, Dobermann, Hovawart und Riesenschnauzer, zeigen das auch heute oft noch ausgeprägt. Viele dieser Rassen wurden auf Arbeitsleistung gezüchtet und sind lernfreudig, temperamentvoll, reaktionsschnell und furchtlos. Diese Eigenschaften erfordern einen erfahrenen Hundehalter und sorgsame Sozialisation.

SOZIALE KOMPETENZ

Hunde müssen höflichen Umgang mit Artgenossen und Menschen lernen. Doch manche Rassen scheinen sich leichter damit zu tun.

Dazu zählen z. B. häufig Rassen, die früher in großen Meuten jagten, wie der Beagle. Die Hunde einer Meute wurden vor allem früher auf engem Raum gehalten, gemeinsam gefüttert, müssen sich bei der Jagd auf ihren Job konzentrieren und dürfen sich nicht durch Streitereien untereinander ablenken lassen. Wird bei der Zucht nicht nur Wert auf eine gute Nase gelegt, sondern auch auf ein friedliches Wesen, ist eben zu erwarten, dass die Hunde umgänglicher werden.

Gesellschaftshunde, wie Malteser, Havaneser und die anderen Bichon-Rassen, Zwergspitz und Italienisches Windspiel wurden zur Freude und Gesellschaft der Menschen gehalten. Viele von ihnen sind besonders menschenbezogen, verschmust und anhänglich. Nichtsdestotrotz sind sie Hunde, sie brauchen Spaziergänge, Beschäftigung und den Kontakt mit Artgenossen, um ein erfülltes Hundeleben führen zu können.

01

02

03

Mops und Französische Bulldogge zählen ebenfalls zu den Gesellschaftshunden. Sie sind lustige Vierbeiner mit hohem Unterhaltungswert, haben einen ausgeprägten Charakter und können auch einmal „beleidigt" sein. Ihre Erziehung sollte nicht darauf abzielen, sie zu verbiegen, denn bei Zwang können die an sich lernfreudigen Hunde auch dichtmachen – das gehört zur ausgeprägten Persönlichkeit dazu. Mops und Bulli finden manchmal schlecht ihre körperlichen Grenzen und verausgaben sich leicht. Sie müssen dann zu ihrem eigenen Schutz gebremst werden. Leider leiden brachycephale (kurz- bzw. rundköpfige) Hunde häufig unter gesundheitlichen Problemen, die in der Regel durch die Zucht verursacht bzw. begünstigt worden sind. Dazu gehören Atemnot, geringe Leistungsfähigkeit und andere gesundheitliche Probleme. Atemnot und andere Beschwerden können große Leiden verursachen und sich natürlich auch auf das Verhalten auswirken.

01 *Noch bevor sie Karriere als Bergretter machten, wurden Bernhardiner von Schweizer Mönchen zur Bewachung und zum Schutz gezüchtet.*

02 *Der Spitz ist eine Alarmanlage auf vier Beinen, denn er meldet Fremde laut und eifrig. Das hat auch dazu geführt, dass der Deutsche Spitz beinahe ausgestorben wäre. Er ist ein guter Familienhund, wegen seiner Bellfreude in einer Etagenwohnung aber meist fehl am Platz. Hier ein Wolfsspitz.*

03 *Französische Bulldoggen zählen zu den Gesellschaftshunden und sind meist lustige Vierbeiner. Leider sind nicht alle so gesund und sportlich wie dieser junge Rüde.*

Afghanische Windhunde sind nahe mit dem Wolf verwandt und unabhängige Hunde.

JAGD

WOLF

Orten – Fixieren – Anpirschen – Hetzen –
Packen – Töten – Fressen.
Dieses Jagdmuster ist genetisch im Wolf fixiert.
Es steckt auch noch in (fast) jedem Hund.
Doch manche dieser Elemente/Eigenschaften
sind bei bestimmten Rassen durch die Zucht
viel stärker ausgeprägt bzw. scheinbar sehr
zurückgedrängt oder ganz verschwunden.
Hier einige Beispiele:

WINDHUND

Windhunde sind Sichtjäger und hatten die
Aufgabe, Wild über weite Strecken zu verfolgen. Windhunde sind äußerst reaktionsschnell, Freilauf ist nicht immer möglich.
Allen ist gemein, dass sie im Haus sehr ruhig
sind und draußen aufdrehen. Ihren Menschen
schließen sie sich sehr eng an. Die Orientali-
schen Windhunde wie Afghanischer Windhund (eine der ursprünglichsten Rassen),

Saluki und Azawakh sind älter als die Westlichen, zu denen u. a. Barsoi, Greyhound und
Whippet zählen. Ganz typisch sind die Unterschiede im Verhalten. Der Afghane ver-
folgte große Beutetiere, wie Gazellen oder
Steinböcke, kilometerweit, dabei auf sich gestellt und ohne Anweisung. Entsprechend ist
er ein sehr eigenständiger Hund. Obwohl er
schlau ist, ist die Zusammenarbeit mit dem
Menschen nicht seine offensichtliche Stärke.
Salukis sind da schon kooperativer. Trotzdem
sind die Orientalen keine Befehlsempfänger
und scheinen erst immer noch zu überlegen,
ob sie etwas umsetzen. Greyhound und vor
allem Whippet kann man dagegen schon als
Streber bezeichnen. Orientalen sind intro-
vertierter und zu Fremden in der Regel dis-
tanzierter als die westlichen Windhunde.

VORSTEHHUND

Bei den Vorstehhunden, wie dem Pointer,
wurde neben dem Auffinden (Orten) vor allem großer Wert auf das Anzeigen (Fixieren)

Vorstehhunde – hier ein Deutsch Stichelhaar – zeigen Wild an.

Ein Labrador Retriever apportiert.

der Beute gelegt – der Hund friert dabei stehend und mit erhobener Vorderpfote regelrecht ein. Viele Jagdhunde sind menschenbezogen und lernfreudig, brauchen aber angemessene Beschäftigung, die Kopf und Körper richtig fordert. Die Jagdpassion kann den Freilauf zur Herausforderung machen.

RETRIEVER

Der Retriever soll das erlegte Wild finden (orten) und bringen (packen = Beute in den Fang nehmen). Dass der Hund die Beute möglichst ohne Beschädigung mit sogenannter weicher Schnauze zum Menschen bringt, muss er lernen. Retriever sind sehr lebhafte, bewegungsintensive Hunde. Der Golden Retriever ist vom Wesen her zarter und sensibler. Der Labrador hingegen verkörpert eher den robusten und burschikosen Typen, der mehr gebremst werden muss. Beide Rassen sind sehr lernfreudig, führig und lieben es, mit ihren Menschen zusammenzuarbeiten. Heute sind sie beliebte Familienhunde und echte

Allrounder als Rettungs-, Blindenführ- und Assistenzhunde. Und sie teilen eine nicht allen Haltern angenehme Eigenschaft: Sie lieben Wasser und würden am liebsten jede Pfütze und jeden Teich mit einem engagierten Sprung erobern.

TERRIER UND DACKEL

Dackel und die meisten Terrier wurden gezüchtet, um Dachs und Fuchs aus dem Bau zu treiben. Unterirdisch auf sich allein gestellt und mit wehrhaften Gegnern konfrontiert, müssen sie mutig und draufgängerisch, clever, reaktionsschnell, robust und hart im Nehmen, ausdauernd und zielorientiert sein. Manchmal neigen sie zum Größenwahn, oft gehen sie bei Konflikten eher nach vorne, als zu weichen, und zeigen sich lautstark, sie sind eigenständig und oft auch ausgeprägt territorial. Der Dackel ist zwar der kleinste, aber der vielleicht vielseitigste Jagdgebrauchshund unserer Gefilde. Beide Typen sind jagdlich hoch motiviert und aktiv, der Terrier ist beim

Bewegungsbedürfnis jedoch höher einzustufen als der Dackel, er ist eher ein Hitzkopf und noch schwerer zu beeindrucken. Richtig geführt, sind Dackel und Terrier gute Begleithunde, die freudig lernen, aber immer ihren eigenen Willen behalten. Aber gerade das macht sie für ihre Menschen so interessant. Diese Beschreibung trifft in vollem Maße vor allem für Hunde aus jagdlichen Leistungszuchten zu. Hunde aus sogenannten Schönheitslinien zeigen sich in der Regel gemäßigter, dazu gibt es auch Unterschiede je nach Terrier- bzw. Dackelrasse.

RHODESIAN RIDGEBACK

Die stattlichen Hunde aus Afrika werden bei uns immer beliebter. Ihre Aufgabe war es einst, Löwen zu stellen, sie lautstark und mit ständigen Scheinattacken so lange festzusetzen, bis der Jäger zum Schuss kam. Entsprechend taff zeigen sie sich auch, wirken imposant, beeindruckend und oft unnahbar. Dabei sind sie körperlich meist gar nicht so hart im Nehmen, wie es scheint. Die Erziehung kann eine Herausforderung sein, denn in der vermeintlich harten Schale sitzt oft ein weicher Kern, der überzeugt werden will mitzuarbeiten. Der Mensch muss die Gratwanderung schaffen, sich durchzusetzen, ohne die Mitarbeit des Hundes durch zu großen Druck zu torpedieren. Dazu braucht es mentale Stärke und Einfühlungsvermögen. Und so schwer ist

---

ES STECKT IN IHNEN

Wer nun glaubt, dass beispielsweise Hütehunde, Treib- oder Apportierhunde nur den bei ihnen verstärkten – rassetypisch abgespeckten – Teil des Jagdverhaltens können, der irrt. Sie sind meist durchaus in der Lage, die ganze Palette bis zum Ende zu bieten. Nicht von ungefähr gibt es immer wieder Hunde auch dieser Rassen, die jagdlich hochgradig motiviert sind.

---

das eigentlich nicht, denn der Rhodesian ist häufig leicht zu beeindrucken. Ein zackiger Befehlsempfänger wird er trotzdem nicht und einen Moment zur Umsetzung brauchen. Auffallend ist seine hervorragende, fast intuitive Reaktionsschnelligkeit. Wenn die jagdliche Motivation sich bei einem Rhodesian Ridgeback zeigt, ist sie stark ausgeprägt. Eine gute Sozialisierung mit anderen Hunden ist wichtig. Im Spiel ist der Ridgeback oft sehr körperbetont, rempelt und rauft. Anderen Hunden ist das häufig zu viel und sie verzichten dann lieber. Im Haus zeigt er sich ruhig und unauffällig, aber territorial.

TREIBHUND

Um Vieh an den gewünschten Ort zu treiben, haben Australian Cattle Dog, Appenzeller und Co. deutliche Mittel in petto, denn z. B. Rinder werden dafür auch in die Fersen gezwickt (packen). Treibhunde zeichnen sich auch durch Schutzverhalten aus, schließlich gehörte es früher zu ihren Aufgaben, auf Vieh und Hof aufzupassen. Sie sind körperlich äußerst robust, ausdauernd, zielorientiert, lernen leicht, zeigen lautstark, was sie wollen, und sie brauchen als mental starke Hunde ebensolche Menschen. Mit anderen Hunden kann es schwierig werden. Treibhunde sind leicht und heftig erregbar und scheinen oft nicht zu wissen, wohin mit ihrer Energie. Frust auszuhalten fällt ihnen nicht leicht. Aus diesen Gründen brauchen sie neben der ausreichenden körperlichen Beschäftigung unbedingt Konzentrations- und Ruheübungen. Unterfordert können sie ausgesprochen anstrengend sein.

HÜTEHUND

Sie müssen abhandengekommene Tiere der Herde finden (orten) und zurückbringen, die Herde zusammenhalten und zu anderen Weiden etc. treiben, oftmals auch bewachen. Beim Border Collie sind besonders das Fixieren und das Anpirschen ausgeprägt. Das Fixieren mit starrem Blick, das sogenannte

01

02

03

„Eye", ist sogar sein Markenzeichen. Hütehunde reagieren enorm schnell auf Bewegungsreize und nicht selten sensibel auf andere Reize wie Geräusche. Dass manche Hütehunde schnell hektisch wirken, kann mitunter auch mit einer Reizüberflutung zusammenhängen. Hütehunde sind für jede Arbeit dankbar, suchen Beschäftigung und haben große Ausdauer – auch darin, dies durch unablässiges Anstarren ihrer Menschen einzufordern. Hütehunde sind die Streber unter den Hunden, sie lernen schnell, sind leicht zu konditionieren und auszubilden und bestechen durch ihre Führigkeit. Zur Verständigung reichen ihnen kleinste Signale. Sie dürfen nicht nur körperlich gefordert werden, sondern müssen auch geistig Leistung zeigen, um ausgelastet zu sein. Ganz wichtig neben der Beschäftigung ist es, dass der Hund Zeit hat, sich zu erholen und runterzufahren. Häufige Problemquellen sind das Anstarren von Artgenossen und daraus folgende Konflikte sowie vor allem bei fehlender Auslastung oder falscher Führung der Drang, Kinder, Autos, fremdes Vieh und einfach alles, was ihnen in die Quere kommt, zu hüten.

01 Terrier – hier ein Border Terrier – sind taffe Powerpakete, die ursprünglich für die Jagd gezüchtet wurden. Sie besitzen reichlich Ausdauer und Durchsetzungsvermögen.

02 Der Rhodesian Ridgeback wurde in Afrika gezüchtet. Dort gehörte es zu seinen Aufgaben, Löwen und anderes Großwild zu finden und zu stellen.

03 Der aus der Schweiz stammende Entlebucher Sennenhund ist nicht nur ein guter Hofhund, sondern am Vieh auch ein unermüdlicher Treibhund.

01

02

UNTERSCHIEDE IN DER RASSE

Genetisch gesehen ist die Bandbreite des Verhaltens innerhalb einer Rasse gering, praktisch können Welten dazwischenliegen. Die rassetypischen Eigenschaften werden zwar von den meisten Hunden der Rasse gezeigt, doch in unterschiedlicher Ausprägung mehr oder weniger. Ein Grund dafür ist die individuelle Veranlagung, die sogar zwischen Geschwistern erheblich variieren kann, sei es je nach Rasse beim Talent zum Hüten, Suchen oder Packen. Und bei manchen Hunden treten auch die nicht für die Rasse typischen Verhaltensweisen deutlicher hervor als bei anderen. Heike: „Als besonders eindrucksvolles Beispiel fallen mir da zwei Golden Retriever Geschwister ein. Der Bruder ist ein eher gemütlicher Typ, der entspannt mit seinen Menschen spazieren geht. Selbst im Wald brauchen sie sich keine Sorgen zu machen, dass er abhaut. Doch seine Schwester nutzt jede Gelegenheit für einen unautorisierten Jagdausflug und darf deswegen nicht mehr unangeleint spazieren gehen. Labrador und Golden Retriever sind gute Beispiele für Hunde, die immer als ‚harmlos‘ gelten, doch verlassen sollte man sich nicht darauf. Auch in ihnen kann noch der Jagdhund schlummern, der umsetzt, was tief in seinen Genen liegt.“ Jagdverhalten wird sehr häufig unterschätzt. Passiert es dann doch einmal, dass der Familienhund dem Hasen nachgeht oder ihn sogar erwischt, ist das Entsetzen groß. Und das ist besonders dann der Fall, wenn die Hunde nicht richtig geführt werden oder nicht ausreichend beschäftigt sind. Denn zu jagen aktiviert das Belohnungssystem des Hundes, zu hetzen ist lustbetont und macht einfach Spaß, selbst dann, wenn der Hund die Beute nicht packen kann.

Weitere Gründe für die Unterschiedlichkeit innerhalb einer Rasse sind die Haltung, die Erziehung und die Führung. Werden die rassetypischen Eigenschaften eines Welpen

03

schon beim Züchter gefördert, z. B. bei Jagdhunden durch Such- und Reizangel-„Spiele",
das Vertrautmachen mit toten Wildtieren
etc.? Oder wird in der Erziehung und Führung penibel darauf geachtet, dass der Hund
eben keine Jagderlebnisse hat, gut abrufbar ist
und sein Jagdverhalten gemanagt wird?

TROTZ RASSE EINZIGARTIG

Rassebeschreibungen können nur einen
Querschnitt der Eigenschaften und des Verhaltens erfassen, eben das typische für diese
Rasse. Doch innerhalb einer Rasse gibt es abseits des Querschnitts natürlich Hunde, die
typische Eigenschaften und Verhalten in minimal bis maximal geringerer oder stärkerer
Ausprägung zeigen. Dazu kommt noch die
individuelle Persönlichkeit, die jeden Hund
einzigartig macht. Duplikate gibt es nicht,
auch nicht durchs Klonen. Denn selbst wenn

die Gene die gleichen sind, können äußere
Einflüsse dazu beitragen, dass sie anders ausgelesen werden. Und durch seine unzähligen,
ganz eigenen Erfahrungen wird jeder Hund
auch in seinem Wesen und Verhalten neu ge-
formt. Ein Unikat, das es so nur einmal auf
der Welt gibt. Die Gene alleine machen nicht
den Hund. Sie sind das Rohmaterial. Den
Rest macht das Leben.

01 *Hüten – wie hier beim Border Collie – ist
nichts anderes als abgewandeltes Jagen. Starrt
der Hund die Schafe an, entspricht das dem
Fixieren in der Jagdsequenz.*

02 *Diese Tibet Terrier stammen alle aus einer
Zucht, doch jeder ist einzigartig und dank
seiner Gene und seiner Erfahrungen eine
individuelle Persönlichkeit.*

03 *Für eine Rasse typisches Verhalten oder
typische Eigenschaften können je nach Individuum ganz unterschiedlich ausgeprägt sein,
mal mehr, mal weniger.*

41

GENAU HINSCHAUEN
— *Entdecken Sie mehr*

AUSDRUCKSVERHALTEN

Sie wollen wissen, was das Verhalten Ihres Vierbeiners bedeutet?
Was er Ihnen mitteilt? Schauen Sie einfach hin, denn er macht kein
Geheimnis daraus und zeigt es Ihnen jeden Tag.

Das Aufstellen der Ohren, das fast unmerkliche Runzeln der Nase oder das Senken des Kopfes – aus kleinen Gesten wird Verständigung. Hunde haben eine sehr direkte, aber auch eine sehr feine Art, miteinander zu kommunizieren. Emotionen, Absichten und Befindlichkeiten teilen sie durch Gestik und Mimik mit. Die Lautsprache, zu der Bellen, Jaulen, Fiepen und Heulen gehören, hat im Vergleich zum Ausdrucksverhalten, umgangssprachlich als „Körpersprache" bezeichnet, nur einen geringen Anteil daran.
Das Zusammenspiel einzelner Gesten, Körperspannung und Körperhaltung werden zu einer unmittelbaren Sprache. „Hündisch" wird universell verstanden, sofern ein Hund durch ausreichend Kontakte mit Artgenossen Gelegenheit hatte, es zu erlernen. So wird ein Hund aus dem schönen Schwabenländle problemlos von seinem Vetter aus dem Süden Europas oder dem hohen Norden verstanden. Trotzdem gibt es mitunter „Dialekte", wenn auch keine regionalen: Bei manchen Hunden wird die Kommunikation durch bestimmte äußere Merkmale erschwert. Rassebedingt können das beispielsweise eine starke Faltenbildung im Gesicht sein, die an das drohende Runzeln der Stirn erinnert, übermäßige Behaarung, die jegliche Gestik und/oder Mimik verbirgt, oder die fast ständig hoch erhobene Rute, die auf Artgenossen wie eine ständige Provokation wirkt. Je mehr unterschiedlich aussehende Artgenossen ein Hund kennengelernt hat, desto leichter wird er auch mögliche Dialekte verstehen können.

Hündisch zu lernen bietet dem Vierbeiner die Möglichkeit, sich mit seinesgleichen auf einer guten Ebene zu verständigen, ohne Unsicherheit. Er erkennt, wie der andere tickt, und kann sich darauf einstellen. Das gibt ihm ein großes Plus an Sicherheit und Lebensqualität. Und wenn sein Mensch sich die Mühe macht, den Grundkurs Hündisch zu besuchen, hat er einen Zweibeiner an seiner Seite, der ihn jetzt viel besser versteht und dem er sich nun endlich mitteilen kann.

Hunde müssen lernen, auch anders Aussehende zu verstehen.

Sie wollen einen besseren Draht zu Ihrem vierbeinigen Gefährten? Lernen Sie, ihn und seine Körpersprache zu lesen. Das verbessert die Beziehung und stärkt Ihr Vertrauen in ihn. Nur wer sich gut kennt, kann sich auch vertrauen.

GESTIK UND MIMIK

Das Ausdrucksverhalten, also Mimik, Körperhaltung und Körperspannung eines Hundes, verrät viel über seinen emotionalen Zustand. Dabei kommt es immer auf den Gesamteindruck unter Berücksichtigung der Situation an. Neutrales Verhalten beispielsweise zeigt Ihr Hund durch einen entspannten Stand, aufrechte, lockere Ohren, eine locker herabhängende Rute und einen gemäßigt erhobenen Kopf. Je mehr die Anspannung steigt, desto mehr steigt auch die Körperspannung, der Körper strafft sich, die Rute geht nach oben und die Ohren gehen nach vorne.

IMPONIERVERHALTEN

Beim Imponierverhalten versucht der Hund, größer zu wirken, und stolziert mit durchgestreckten Beinen, gesträubtem Fell und erhobenem Schwanz wie ein Gockel um den anderen Hund herum. Die Bewegungen erscheinen oft wie in Zeitlupe, die ganze Situation wird statisch. Der Ohransatz ist etwas aufgestellt und nach vorn gerichtet, und die Hunde schauen sich nicht an. Imponierverhalten kann eskalieren, erstes Anzeichen ist Drohverhalten. Imponierende Hunde versuchen häufig, ihr Gegenüber in dessen Bewegungsfreiheit einzuschränken, indem sie durch Drohen ein-

01

schüchtern oder die freie Bewegung behindern, z. B. indem sie sich quer vor den anderen stellen, ihm den Zugang zum Halter oder anderen wichtigen Bereichen oder Objekten/ Ressourcen, wie zum Futter- oder Wassernapf, versperren (Ressourcen, siehe Seite 18) oder den Kopf auf Schulter oder Rücken des anderen auflegen.

MISCHMOTIVATION
Manchmal zeigen Hunde Verhalten, das sich scheinbar widerspricht. Daran zeigt sich die momentane Unsicherheit des Hundes und/oder ein Konflikt.

AUFREITEN
Für das Aufreiten (Besteigen) kann es verschiedene Gründe geben. Natürlich kann es dem sexuellen Drang der Paarung entspringen, wahrscheinlicher sind jedoch z. B. Stressabbau nach einer aufregenden Situation, weil es

02

03

04

Spannung löst und Druck nimmt; eine Dominanzgeste, die beweisen soll, dass der aufreitende Hund die Situation und/oder den Hund unter ihm beherrscht bzw. überlegen ist, als reglementierende Maßnahme oder einfach das Ausprobieren bei jungen Hunden.

SPIELAUFFORDERUNG

Bei der Spielaufforderung zeigt ein Hund die Vorderkörpertiefstellung mit geducktem Vorderkörper und aufgerichtetem Hinterteil, er wedelt, schaut sein Gegenüber an und zeigt übertriebene Mimik. Die Spielaufforderung kann dem einfachen und harmlosen Wunsch nach einem Spiel entspringen. Sie kann aber auch eine Strategie sein, um eine für den Hund angespannt erscheinende Situation aufzulockern. So mimen viele den „Pausenclown" nicht, weil es ihnen Spaß macht, sondern als Bewältigungsstrategie bei Stress.

UNSICHERHEIT

Ein unsicherer Hund macht sich klein und nimmt eine geduckte Haltung ein. Dabei klemmt er die Rute zwischen die Hinterbeine, wendet den Blick ab und zieht seine Ohren zurück. Sein Kopf ist gesenkt und bei starker Unsicherheit wirkt er wie ein Häufchen Elend.

01 *Offen und interessiert zeigt sich der Kromfohrländer mit leicht gespitzten Ohren, leicht geöffnetem Mund, wachem, offenem und direktem Blick und entspannter Haltung.*

02 *Selbstbewusst und sich seiner Präsenz bewusst steht der Rüde kerzengerade da: die Beine durchgestreckt, die Rute hoch aufgerichtet und der ganze Körper unter Spannung.*

03 *Hier reitet die Whippethündin als Dominanzgeste auf die schwarzen Labradorhündin auf. Der Labrador soll dadurch reduziert werden, damit sie sich mit ihrem Spielzeug nicht zu wichtig macht.*

04 *Der Afghane zeigt die Spielaufforderung nach allen Regeln der Kunst, doch Labrador Jette steigt nicht ein.*

01

02

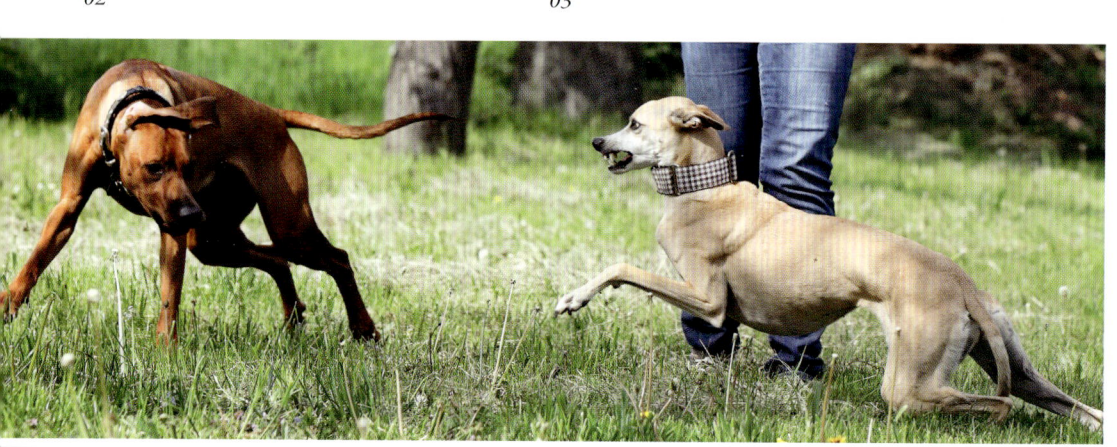

03

04

SICHERES DROHEN

Drohen dient dazu, andere auf Abstand zu halten. Drohen ist Kommunikation. Es ist fair, wenn ein Hund droht und so mitteilt: bis hierhin und nicht weiter. So gibt er dem Gegenüber die Chance, zurückzuweichen.

Beim Angriffsdrohen geht der Hund steifbeinig, mit fixierendem Blick und manchmal knurrend auf sein Gegenüber zu, wobei er mit gerunzeltem Nasenrücken sowie kurzen und runden Mundwinkeln seine Zähne zeigt. Er wirkt groß und siegesbewusst.

Wer deutliches Angriffsdrohen zeigt, der ist bereit und meint es ernst – wie der schwarze Hund in den Bildern links. Hier werden beide Hunde auf der „falschen Seite" geführt, denn vor ihren Menschen fühlen sie sich für deren Schutz zuständig.

UNSICHERES DROHEN

Droht ein Hund zur Verteidigung, bleibt ihm oft keine andere Wahl, zum Beispiel weil er sich in eine Ecke gedrängt fühlt. Seine ganze Körpersprache steht auf Unsicherheit. Er zeigt seine gesamten Zähne durch einen schmalen Lippenspalt. Dazu sind die Lefzen gerunzelt, die Ohren eng angelegt und der Schwanz ist eingeklemmt.

PASSIVE UNTERWERFUNG

Legt ein Hund sich auf den Rücken, wenn er von einem anderen bedroht wird, ist das passive Unterwerfung. Zusätzlich oder auch allein als Zeichen der Unterwerfung gezeigt, wendet der demütige Hund den Blick ab und leckt eventuell seine Lefzen.

AKTIVE UNTERWERFUNG

Wenn Ihr Hund Sie begrüßt, zeigt er häufig aktive Unterwerfung. Das ist keine Ängstlichkeit, sondern höflicher Umgangston gegenüber den ranghöheren Gruppenmitgliedern. Dabei macht er sich klein, wedelt, legt die Ohren an und sucht Blickkontakt. Er versucht, Ihre Mundwinkel anzustupsen oder abzulecken, wenn Sie sich bücken.

Das Lecken der Mundwinkel, sei es der eigenen oder der des Gegenübers, leitet sich aus dem Welpenverhalten ab, wie auch weitere Gesten der vorwiegend aktiven Unterwerfung. Durch das Mundwinkellecken regt ein Welpe die Erwachsenen dazu an, Futter hervorzuwürgen. Will Ihr Hund Sie bei der Begrüßung abschlabbern, hat das also durchaus einen positiven Hintergrund, ist jedoch nicht immer erwünscht. Es empfiehlt sich, darauf freundlich bis neutral zu begegnen.

01 Beide Rüden fixieren sich, der schwarze Schäferhund rechts droht mit selbstbewusster Körpersprache.

02 Deutlich zu erkennen sind der gerunzelte Nasenrücken und die runden Mundwinkel. Menschen würden sich jetzt beschimpfen.

03 Erregung und Handlungsbereitschaft des Schäferhundes sind noch mal gesteigert. Nur die Leine verhindert die Eskalation.

04 Die eigentlich eher unsichere Windhunddame rechts sieht sich genötigt, die aufdringliche Rhodesian-Ridgeback-Hündin abzuwehren. Ihre Unsicherheit spiegelt sich wider in ihrem nach vorne gerichteten Körper, den zurückgelegten Ohren und den spitzen Mundwinkeln – sie zeigt „Abwehrdrohen".

KURZ VORM KNALL

Vor allem Rüden liefern sich meist Schaukämpfe, die gefährlich aussehen, doch nicht auf Verletzung ausgerichtet sind. Doch: Stehen zwei Hunde sich staksig gegenüber und glaubt der Beobachter vor lauter Anspannung ein Knistern in der Luft zu spüren, ist es meist ernst und direkt vor einer Auseinandersetzung, wenn das Wedeln eingestellt wird. Denn dann wird alles statisch, und wenn nun einer die Nerven verliert, knallt es. Je bewegungsärmer und ruhiger es wird, desto mehr Anspannung liegt in der Luft.

01

02

PFÖTELN

Pföteln hat seinen Ursprung im Milchtritt des Welpen, der den Milchfluss im Gesäuge anregen soll. Es wird auch häufig bei der Begrüßung, beim Spielen, beim Betteln bzw. als Aufforderung gezeigt.

Beschwichtigung: Pföteln, das Lecken der Mundwinkel, die Vermeidung des Blickkontakts und Sich-klein-Machen zählen zu den Beschwichtigungssignalen. Werden diese Signale einzeln oder in Kombination gezeigt, sollen sie oft der Deeskalation dienen, den anderen milde oder gnädig stimmen oder Unterwerfungsverhalten sein.

URINIEREN

Urinieren bei der Begrüßung ist eine starke Demutsbezeugung und wird meist von jungen Hunden gezeigt. Es hat seine Wurzeln bei jungen Welpen, die weder Urin noch Kot absetzen können, wenn die Mutter dies nicht durch das Lecken der Bauchregion stimuliert. Uriniert Ihr Hund zur Begrüßung, sollten Sie ihn nicht schimpfen und sich ihm nur kurz und keinesfalls überschwänglich zuwenden. Hat er sich später beruhigt, kann gerne eine ausgiebige Streicheleinheit folgen.

Dieses „Freudenpipi" verliert sich in der Regel von ganz alleine im Laufe des ersten Lebensjahres, weil die Hunde sicherer werden, gerade im Umgang mit Menschen.

DER FEINE UNTERSCHIED

Details verraten eine Menge. Sie jedoch vom Rest des Körpers und/oder der Situation isoliert zu betrachten, kann den Beobachter schnell in die Irre führen. Doch wer genau hinschaut, kann mehr erfahren. Besonders dann, wenn sich für den Betrachter kein eindeutiges Bild ergibt. Denn so deutlich nach Lehrbuch, wie zuvor beschrieben, ist das Verhalten Ihres Hundes nicht immer und die Übergänge sind fließend. Dazu läuft das Verhalten in Echtzeit oft auch sehr schnell ab, und die Hunde warten mit dem nächsten Verhalten nicht darauf, bis die umstehenden Menschen das bisherige entschlüsselt haben. Dann kann der Blick auf ein Detail das letzte Puzzleteil sein. Lassen Sie sich jedoch nicht von angezüchteten äußeren Rasseeigenschaften in die Irre leiten. Dazu kommt: Nicht jedes Verhalten muss ein großes Signal sein, sondern kann ganz einfache Gründe haben, denn manchmal werden die Augen auch einfach nur gekniffen, weil die Sonne blendet, und mit der Nase gewackelt, weil sie kitzelt.

RUTE

Die Rute (der Schwanz) eines Hundes hat eine starke Signalwirkung – nicht umsonst wird sie mit langer Behaarung „Fahne" genannt. Am leichtesten lässt sich die Rutenhaltung bei Hunden einer Rasse vergleichen und es ist immer sinnvoll, die für die Rasse typische Rutenhaltung als Grundlage der Beobachtung zu nehmen. Erhoben ist die Rute weithin sichtbar und signalisiert, dass hier ein Hund ist, der sich sicher und stark fühlt. Nicht zutreffend ist die Annahme, dass ein mit der Rute wedelnder Hund sich immer freut bzw. freundlich gestimmt ist. Wedeln ist ein Ausdruck von Erregung. Dazu gehört Freude genauso wie Erwartung, Aggression oder Unsicherheit. Wedeln kann natürlich ebenso als Ausdruck der Freude bei einer Begrüßung gezeigt werden wie der Erregung vor einer Auseinandersetzung.
Wissen Hunde bei einer Begegnung noch nicht, ob der andere freundlich gesonnen ist,

zeigen sie beim gegenseitigen Beschnuppern und Abchecken oft ein hektisches und angespanntes Wedeln. Kritisch wird es meist dann, wenn das Wedeln erstarrt (siehe Seite 47). Hat ein Hund eine zaghafte Erwartungshaltung, zeigt seine Rute auch nur ein mäßiges Wedeln. Platzt er jedoch fast vor Freude, scheint der ganze Hund mit der Rute zu wackeln – was oft bei Labrador Retrievern zu sehen ist.

01 Unterwerfung als Deeskalation: Der Welpe war aufdringlich und wurde gemaßregelt. Jetzt zeigt er sich devot, indem er auf dem Rücken liegt. Die Hündin steht über ihm, die Nase noch kaum merklich gerunzelt.

02 Beide Junghunde zeigen ehrfürchtige Mimik gegenüber der erwachsenen Hündin. Der Welpe (in der Mitte) leckt ihre Lefzen. Sie droht ganz leicht, um mehr Distanz zu fordern. Die Junghündin rechts zeigt sich davon beeindruckt, gut zu erkennen an den angelegten Ohren und dem leicht abgewandten Blick.

03 Er steht cool im Leben und zeigt stolz und selbstbewusst seine „Fahne".

04 Die Rute ist nicht nur ein weithin sichtbares Signal, sondern stabilisiert den Hund auch in der Bewegung.

03

04

Ist ein Hund im konzentrierten „Arbeitsmodus", hat er in der Regel einen ganz bestimmten Wedeltakt: ein ruhiges bis eher mittleres Tempo. Das kann z. B. sehr gut bei Jagdhunden während der Arbeit beobachtet werden.

OHREN

Die Ohren sind ein faszinierendes Organ, und die des Hundes sind dem des Menschen weit überlegen. Der Hochfrequenzbereich ist für uns Zweibeiner vollkommen lautlos, für den Hund jedoch ganz normal wahrnehmbar. Jedes Ohr für sich kann sich verstellen und einer Geräuschquelle nachgehen. Doch neben ihrer Aufgabe als Ortungsgerät sind die Ohren auch Stimmungsbarometer. Locker aufgestellt stehen sie für neutrales Verhalten. Je weiter sie nach hinten zeigen oder sogar angelegt sind, desto mehr stehen sie für submissives Verhalten oder sogar Unsicherheit bzw. Furcht. Ein Hund, der scheinbar forsch nach vorne geht, die Ohren aber eher rückwärtsgerichtet zeigt, ist von seinem Vorhaben nicht ganz überzeugt. Bei Hunden mit Stehohren ist das natürlich eindeutiger zu sehen als bei Hunden mit Schlappohren.

NASE

Sie ist das erstaunlichste Sinnesorgan des Hundes. Verschiedene Mechanismen optimieren sein Geruchsvermögen, damit ist es millionenfach besser als Ihres. So sammeln 125–225 Millionen Riechzellen (Mensch 20 Millionen) Duftinformationen, für deren Verarbeitung fast zehn Prozent des Hundegehirns (Mensch ca. ein Prozent) zuständig sind. Riechen ist wichtig und dient unter anderem auch der Kommunikation. Doch die Nase kann auch Zeichen setzen. Wird sie gerümpft und deren Haut gerunzelt, droht der Hund. Die Abstufungen können dabei ganz fein sein und je nach Bedarf gesteigert werden. Ein eindeutiges Signal, das zeigen soll, dass es ihm reicht oder gefälligst mehr Distanz gewahrt werden soll.

AUGEN

Die Augen des Hundes sind die eines Jägers: Nach vorne gerichtet und optimiert darauf, Bewegungen zu erkennen und auch in der Dämmerung gute Orientierung zu bieten. Seine Augen sind jedoch nicht ausschließlich Empfänger, die Informationen aufnehmen und zur Verarbeitung an die zuständigen Gehirnregionen weiterleiten. Die Augen und der Blick senden ebenfalls Signale an ihr Gegenüber. So ist Anstarren eines Artgenossen eine Provokation mit reichlich Konfliktpotenzial. Und will ein Hund noch deutlicher drohen, runzelt er missbilligend die Stirn und dazu die Nase. Wer hingegen seine Unterwürfigkeit zeigen will, vermeidet direkten Blickkontakt, vielleicht kneift er auch noch die Lider zusammen.

Nicht jeder Hund kann den direkten Blick des Menschen ertragen und wendet sich ab. Doch Vierbeiner können lernen, dass Blickkontakt ihres Menschen keine Provokation ist und ihn erwidern, was aber eine gesicherte Beziehung voraussetzt. Manche Hunde schauen Menschen fest in die Augen und halten dem Blick stand. Einige setzen dies sogar gezielt und treuherzig als Manipulation ein, weil sie gelernt haben, dass die Reaktion des Menschen in den meisten Fällen positiv ist. Einen Versuch ist es immer wert. Denn mal ehrlich: Können Sie hart bleiben, wenn Ihr Vierbeiner Sie so schmachtend anschaut und hingebungsvoll mit den Lidern klimpert?

ZÄHNE

Zeigt ein Hund Zähne, ist das für viele menschliche Beobachter gleichbedeutend mit Aggression. Ein Berliner Künstler widmete diesem Thema einmal eine ganze Bildreihe: Er malte gähnende Hunde mit weit aufstehendem Maul. Die Zähne blitzen deutlich hervor, doch der Hund ist in diesem Moment alles andere als aggressiv gestimmt. Heike: „Ich habe oft genug die Erfahrung gemacht, dass Hunde, deren Zähne auf Fotos zu sehen sind, auf viele Betrachter gefährlich wirken."

Die Fokussierung der Kamera wirkt auf viele Hunde so, als würden sie angestarrt. Auch dieser Havaneser schaut entsprechend kritisch.

Hunde können da viel besser unterscheiden. Für sie bedeutet es erst einmal, Abstand zu halten, wenn ihr Gegenüber Zähne zeigt. Drohen ist eine erste Warnung und soll für Distanz sorgen. Und sollte ein Hund gähnen und dabei sein ganzes Zahnarsenal zeigen, wirkt das bei Artgenossen höchstens ansteckend und alles andere als bedrohlich. Hunde können sogar noch viel mehr, denn manche versuchen, das menschliche Lachen zu imitieren – nur im Umgang mit uns Zweibeinern. Das sieht tatsächlich oft etwas gruselig aus, ist aber als Leistung der artübergreifenden Verständigung nicht hoch genug einzuschätzen. Gezeigt wird es übrigens oft bei einer Begrüßung, im Rahmen der Unterwerfung und als Versuch der Deeskalation.

KÖRPERHALTUNG

Wer sich seiner sicher ist oder Eindruck schinden will, wirkt groß. Wer unsicher ist oder sogar Angst hat, möchte am liebsten unsichtbar sein oder sich verstecken und macht sich entsprechend klein. Die Körperhaltung lässt sich im Grunde ganz einfach analysieren.

ANGSTHASEN ERKENNEN

Die Körpersprache eines sich verteidigenden Hundes ist oft widersprüchlich. Eigentlich sucht er den Rückzug aus dieser für ihn bedrohlichen Situation, doch ihm bleibt keine andere Möglichkeit, als zu kämpfen. So drängt sein Körper zurück, angefangen von den Ohren über die langen, weit nach hinten gezogenen Mundwinkel bis hin zur Rute, doch seine Handlung gibt ein anderes Signal.

Das fängt bei der Kopfhaltung an, vom hoch erhobenen Haupt bis hin zum fast bodennah gesenkten Kopf. Wer übersehen werden will, knickt die Beine ein und senkt die Rute oder klemmt sie sogar zwischen die Beine unter den Bauch. Wer hingegen seine Präsenz betonen will, der drückt die Beine gerade durch und baut sich zu seiner ganzen Stattlichkeit auf. Übrigens: Der Kamm auf dem Rücken entsteht unwillkürlich durch Erregung, ist bei unsicheren Hunden meist jedoch leicht als Täuschungsmanöver zu erkennen.

01

02

03

01 Die pubertäre Windhündin rechts übertreibt es und kneift der Labradorhündin frech in den Po. Die findet das gar nicht lustig und quittiert mit heftigem Abwehrdrohen.

02 Die Windhündin nervt penetrant weiter und bellt noch dazu. Nicht jeder Hund kann solche Situationen selbst lösen wie die erfahrene Jette, die immer heftigere Reaktionen zeigt. Dann sollte der Mensch eingreifen und das Geschehen unterbrechen, damit alle Beteiligten sich beruhigen können.

03 Der Hovawartrüde präsentiert sich in seiner ganzen Stattlichkeit: Kopf, Körper und Rute gen Himmel gereckt mit fixierendem Blickkontakt. Der Rhodesian-Rigdeback-Rüde ist beeindruckt und vermeidet jede Provokation: Er duckt sich, hält die Rute gesenkt, vermeidet Blickkontakt.

04 Zurückgelegte Ohren, halb geschlossene Augen und die sich klein machende und nach hinten gerichtete Körpersprache zeigen, dass der Tschechoslowakische Wolfhund sich in dieser Situation eher unbehaglich fühlt.

04

WANN WIRD'S ERNST?
— *Ein Interview mit Günther Bloch*

Ist das noch Spiel oder schon Ernst? Wann wird es heikel? Der heute mit seiner Frau und seinen Hunden in Kanada lebende Canidenexperte Günther Bloch gibt Auskunft, worauf Hundehalter achten müssen.

Zwei frei laufende Hunde checken sich bei einer Begegnung ab. Hat die Rutenstellung hierbei eine besondere Bedeutung?

Nein, ein Signal aus der Gesamtheit an körpersprachlicher Signalgebung von Hunden herauszugreifen, kann nur zu falschen Schlussfolgerungen führen.

Woran erkenne ich, ob es zwischen beiden friedlich bleibt oder die Situation explosiv ist?

Eine Pauschalregel gibt es nicht. Menschen mit viel Erfahrung sehen mehr als Laien. Wenn aber beide Hunde ein relaxtes Ausdrucksverhalten aufzeigen, ist das schon mal die halbe Miete.

Woran erkenne ich, ob ein angeleinter Hund, der Artgenossen anpöbelt, unsicher ist oder einfach Streit sucht?

Sehr schwierig, weil die Leine sowohl Stärke durch den Besitzer übertragen kann als auch zu wenig Freiraum für einen eigentlich gewollten Rückzug zulässt.

Was wird beim eigenen Hund am häufigsten falsch eingeschätzt?

Am häufigsten wohl, dass Hunde nur den Menschen lieben und keine anderen Hunde brauchen.

Worauf sollten Hundehalter bei Ihren Hunden mehr achten?

Dass sie sich endlich wieder wie Hunde verhalten dürfen und der ganze Hype um sie meistens nichts anderes ist als menschliche Wichtigtuerei.

01   Günther Bloch gründete 1977 das Kaniden-Verhaltenszentrum Hunde-Farm „Eifel", das bis heute aus einer Forschungsabteilung und der von Daniela Sommerfeld geleiteten Hundepension besteht. In seiner aktiven Zeit als Hundetrainer beriet und betreute er knapp 32 000 Mensch-Hund-Teams.

02   Neben seiner „Bow Valley Wolf behaviour Study" wurden auch seine Langzeitverhaltensbeobachtungen innerhalb seines „Tuscany Dog Project" an verwilderten Hunderudeln in Italien bekannt.

03–04 24 Jahre lang führte Günther Bloch u. a. im Banff Nationalpark Freilandbeobachtungen an Timberwölfen, Kojoten und Füchsen durch.

01

02

03

04

DEN BLICK TRAINIEREN

Ihr Hund zeigt Ihnen alles, was Sie brauchen, um ihn zu verstehen. Sie müssen sein Verhalten jedoch erkennen und richtig deuten. Obwohl die Körpersprache des Hundes so intuitiv ist, dass viele Menschen die einfachen Grundlagen, wie Angst und Aggression, ohne Vorkenntnisse verstehen, sind Missverständnisse und sogar völlige Fehleinschätzung an der Tagesordnung. Das gilt für fremde Hunde genauso wie für den eigenen.

Der erwachsene Hund zeigt dem Kleinen, was für ein Kerl er ist. Der Welpe backt erst mal kleine Brötchen.

DER ERSTE EINDRUCK

Susanne: „Hundehalter bleiben häufig am ersten Eindruck ihres Hundes hängen. Hunde aus dem Tierschutz werden noch Jahre nach dem Einzug als ängstlich und auffallend vorsichtig beschrieben, etwa bei Geräuschen in Alltagssituationen. Was die Halter nicht sehen, ist, dass der Hund zwischenzeitlich viel gelassener geworden ist, viel gelernt hat und enorm an Umweltsicherheit gewonnen hat. Doch seine Menschen sind noch auf dem alten Stand und behandeln ihn nach wie vor wie einen Angsthund. Das blockiert Mensch und Hund und bringt die weitere Entwicklung ins Stocken.

Die meisten Hundehalter wünschen sich einen ‚lieben, netten‘ Hund. Zeigt ihr Hund Zähne oder knurrt, sehen sie rot, sind entsetzt und für viele bricht eine Welt zusammen. Für sie ist das gleichbedeutend mit ‚böser Hund‘ oder ‚gefährlicher Hund‘.

Sie vergessen oder wissen gar nicht, dass es sich dabei um normale Kommunikation handelt und Distanz einfordert. Jeder, der einen neuen Hund bei sich aufgenommen hat, kann froh darüber sein, wenn dieser angemessen zeigt, was ihm behagt und was nicht, was ihm wichtig ist und wo er seine Grenzen zieht. Dieser Hund teilt sich mit und der Mensch kann frühzeitig reagieren. Das ist allemal besser als ein stilles Wasser, das nach Monaten

Hund und Mensch müssen sich erst kennenlernen, wenn sie neu zusammenfinden.

explodiert. Klar, jeder will einen freundlichen Hund haben. Und wenn der Hund sich unerwartet verhält, offenbart sich die Unsicherheit und Überforderung des Besitzers."

GEMEINSAM ERFAHRUNGEN SAMMELN

In der Zeit des Kennenlernens wird vieles überbewertet, was sich später als ganz leicht zu managen entpuppt, wenn der Mensch sich zusammen mit seinem Hund weiterentwickelt. Denn wenn der Mensch seinen Hund besser einschätzen kann, wird er auch sicherer im Umgang mit ihm. Situationen, die ihm vorher den Angstschweiß auf die Stirn getrieben haben, lassen ihn dann nur milde lächeln. Das gelingt nur durch gemeinsame Erfahrungen.

Sowohl Hund als auch Mensch erfahren, wie der jeweils andere in bestimmten Situationen reagiert, und passen sowohl ihre Reaktion als auch ihre innere Haltung an: aufgeregt, hektisch, ängstlich, panisch, neugierig, voller Vertrauen, entspannt oder einfach neutral. Susanne: „Gerade für unsichere Hunde und Angsthunde ist zur Orientierung ein souveräner Mensch am allerwichtigsten. Ein gutes Bild ist: Ich nehme dich an die Hand und zeige dir unsere Welt. Den Hund seine Umgebung beobachten zu lassen, finde ich enorm wichtig. Mit viel Zeit und Ruhe, sich einfach wohin setzen und betrachten. Ohne auf etwas zu zeigen und ohne ‚schau doch mal'. Das alles gut portioniert nach Bauchgefühl, statt es nach Plan abzuarbeiten."

MANCHES MUSS ERST PASSIEREN

Sie haben einen Hund aus dem Tierschutz übernommen und möchten wissen, wie stark seine Motivation zu jagen ist? Gibt es etwas, das den „Kick" bei ihm auslöst? Nicht alles lässt sich vorhersagen. Manche Dinge müssen passieren, damit man weiß, wie der Hund reagiert. Mit einem Trainer an der Seite ist es einfacher, das zu wagen. Einerseits weiß er, wie Sie den Hund bestmöglich absichern, andererseits gibt seine Anwesenheit Ihnen Sicherheit, denn er hilft Ihnen, im entscheidenden Moment richtig zu reagieren. Trotzdem wird Ihr Hund Sie auch nach vielen Jahren immer noch überraschen.

Heike: „Ich vergesse nie den Moment, als unser Dackel Paul im Alter von sechs Monaten jiffend über die Wiese rannte, hinter ihm flatterte die Schleppleine, vor sich trieb er einen Hasen. ‚Klasse', dachte ich, ‚jetzt verfolgt er Sichtlaut gebend den Hasen, bekommt die volle Ladung Glückshormone und ich kann sehen, ob es jemals mit dem Freilauf klappt.' Der Hase entkam mit großen Sprüngen, ich erwischte die Schleppleine – pädagogisch sinnvoll in die Gegenrichtung zu rennen, hätte Paul herzlich wenig interessiert – und trottete mit meinem Dackel nach Hause. Immer noch sauer auf mich, nicht aufgepasst und ihm ein herrliches Jagderlebnis beschert zu haben, das den Wunsch nach mehr weckt. Doch was soll ich sagen? Dank intensivem Schleppleinentraining konnte mein Dackel später frei laufen, kam sogar im Wald zuverlässig auf Ruf und ich konnte ihn mehrmals von Hasen abrufen. So dachte ich, ihn zu kennen. Bis wir – da war er etwa zehn Jahre alt – eine Freundin besuchten und uns ihre neue Voliere mit Zwergwachteln anschauten. Paul warf kaum einen Blick auf das kleine Federvieh, schon mutierte er zum Berserker, biss wie ein Besessener in den Zaun und musste weggetragen werden, so außer sich war er. Dieses einprägende Erlebnis wurde in jenem Jahr allerdings getoppt. Nach vielen ‚schlangenlosen' Jahren hatten wir gleich vier Mal das Glück, diesen wunderschönen Reptilien, meist Ringelnattern, zu begegnen. Während Blindschleichen nur mäßig interessant für Paul sind, verwandelte er sich beim Anblick der Schlangen in einen rasenden Wüterich. Nur mit Mühe konnte ich Paul fassen und wegbringen. So musste Paul zehn Jahre alt werden, damit wir erfahren, was bei ihm den Kick auslöst: Zwergwachteln und Schlangen."

HINSCHAUEN UND LERNEN

Trainieren Sie Ihren Blick und versuchen Sie, die Situation vor Ihnen möglichst objektiv zu erfassen. Denn vor Ihren Augen spielt sich nicht immer das ab, was Sie zu sehen glauben. Und das wird besonders oft beim Spiel zweier oder mehrerer Hunde deutlich. Da stehen die Halter um das Knäuel Vierbeiner herum und freuen sich darüber, wie schön die alle miteinander spielen. Doch was da tatsächlich passiert, ist nur selten Spiel. Viel häufiger ist es bestenfalls ein gegenseitiges Abchecken oder Herausfordern. Oft genug leider auch reine Schikane Schwächeren gegenüber. Nicht alles, was lustig aussieht, macht auch allen Hunden Spaß (Spiel, siehe Seite 64).

Den richtigen Blick bei der Einschätzung von Hundeverhalten bekommt man nur durch Üben. Schauen Sie sich viele Videos von Hunden an, um zu lernen, ihr Verhalten in Echtzeit zu erkennen. Am Anfang sind kommentierte Videos sicherlich die bessere Wahl, noch besser wäre natürlich die Anwesenheit eines Hundetrainers, um das Gesehene zu besprechen. So lernen Sie mit der Zeit, Hunde zu lesen – fremde und ihren eigenen.

Und Sie werden überrascht sein, wie stark Ihr Vertrauen in Ihren Hund wächst und sich schließlich auch Ihre Beziehung verbessert. Ganz einfach deswegen, weil Sie jetzt wissen, was er mit seinem Verhalten ausdrückt.

01

02

03

01 Zwei Salukis toben wild und ausgelassen miteinander, das Spiel ist ausgeglichen.

02 Der helle Saluki grätscht sehr selbstbewusst und mit vollem Körpereinsatz dazwischen und beendet damit das Spiel.

03 Gemeinsam – aber deutlich initiiert vom hellen Saluki, verbünden sich zwei gegen einen.

04 Sehr selbstbewusst übernimmt der helle Hund das Kommando und setzt sich ruppig durch ...

05 ... bis eine deutliche Demutsgeste durch den Unterlegenen gezeigt wird. In Siegespose steht der dominante helle Rüde darüber. Interessant der linke Jungspund, als typischer Mitläufer fühlt er sich auch als Sieger. Was für manchen hier wie Spiel aussehen mag, findet der gemobbte Hund alles andere als lustig.

04

05

SCHAU MAL!

— Da steckt mehr dahinter

Verhalten erkennen: Üben Sie, Ihren Blick zu schulen. Scheinbar leicht zu erklärendes Verhalten kann noch eine ganz andere oder weitere Botschaft haben, z. B.: „Schau doch, wie cool ich bin."

01

02

03

01   *Nicht nur Rüden markieren ihr Revier und setzen damit ein „Alles meins"- Zeichen ...*

02   *... Hündinnen können das genauso.*

03   *Das muss Hund sich erst einmal trauen: Sich locker-lässig den Rücken zu schubbern, obwohl drumherum einiges los ist! Was für eine coole Socke!*

04   *Vorstehen: Hier wird gerade ganz konzentriert beobachtet. Angespannt verharrt der Rüde und wartet ab, was jetzt passiert. Vorstehhunde zeigen so gefundenes Wild an.*

05–06   *Still und leise, abseits des Geschehens, stibitzt die vorsichtige Hündin einen Apfel und bringt ihn schnell in Sicherheit. Hunde wissen genau, wann sie beobachtet werden und nutzen sich ihnen bietende Gelegenheiten. Wer weiß, was Ihr Hund alles hinter Ihrem Rücken macht?*

04

05

06

WECHSELSPIELE HUND UND HUND

BEZIEHUNG

Beziehungen haben ganz schön viele Gesichter, sie können z. B. eng, locker, respektvoll, gleichberechtigt oder von einem dominanten Part geprägt sein. Vor allem: Beziehungen müssen wachsen.

Susanne: „Nach Malus Einzug schmollte Hanni drei Monate lang darüber, dass dieses junge Fräulein jetzt bei uns wohnte. Doch nach einem gemeinsamen Erfolgserlebnis waren sie beste Freundinnen. Das schweißt zusammen, und das gilt auch für die Mensch-Hund-Beziehung. "

01

04

05

06

02

03

07

01 *Groß und Klein zusammen, das kann prima passen, wenn ein gutes Sozialverhalten mit Rücksichtnahme gelernt wurde.*

02 *Viele Hunde genießen es, mit Artgenossen zu kuscheln. Voraussetzung sind Vertrauen und Vertrautheit.*

03 *Die junge Rhodesian-Ridgeback-Hündin hat großen Respekt vor dem älteren Rüden. Sie zeigt das deutlich durch die angelegten Ohren und das geduckte Gehen. Für ihn hat das scheinbar keine Wichtigkeit.*

04 *Gute Freunde gehen entspannt und gemeinsam ihren Weg.*

05 *Die junge Hündin macht hier körpersprachlich mächtig viel Wind, insgesamt aufgerichtet mit zielgerichtetem Blick und aufgestellter Rute. Die Labradorhündin ist beeindruckt und kommt klein und geduckt, eher zögerlich heran.*

06 *Die helle Hündin hat gebrummt, um Abstand einzufordern, doch die Rhodesian-Ridgeback-Hündin fragt dreist und konkret nach, typisch für pubertäre Junghunde, die sich ausprobieren und wohl auf dem Supermann-Heft schlafen.*

07 *Sich an Artgenossen heranzupirschen – eigentlich ein Teil des Jagdverhaltens –, auf direktem Weg auf sie zuzugehen oder in vollem Tempo hinzurennen ist keine freundliche Begrüßung, sondern wirkt bedrohlich. Nach Hunde-Etikette wird sich entspannt und einen leichten Bogen laufend begegnet. Zeigt Ihr Hund gelegentlich ein solches Verhalten, sollten Sie es unterbrechen, damit es sich nicht etabliert.*

DER WILL NUR SPIELEN

Echtes Spiel hat nur Spiel zum Ziel, ist selbstbelohnend und kann nur in einer entspannten Atmosphäre stattfinden. Der harmlose Charakter des Spiels kann aber auch kippen und es wird zu einem Wettbewerb, einem Kräftemessen, Austesten des anderen und besonders bei jugendlichen Hunden ist es oft auch Angeberei und Provokation. Wenn Spiel richtig „kippt", kann aus der lustigen Angelegenheit sogar eine ernsthafte Nummer werden, z. B. wenn sich mehrere gegen einen zusammentun und ihn mobben oder aus dem kleineren Spielkameraden ein Beutetier wird. Schauen Sie genau hin, damit Sie echtes Spiel erkennen und den vermeintlichen Spaß abbrechen, wenn er kippt – egal, ob Ihr Hund in der besseren oder schlechteren Position ist.

01

02

03

04

05

06

07

08

| 01 | Der Dackel links fordert zum Spiel auf, der Dackel rechts ist von dem eindrucksvollen Auftreten aber eher eingeschüchtert und versucht, zurückzuweichen. |

01   Der Dackel links fordert zum Spiel auf, der Dackel rechts ist von dem eindrucksvollen Auftreten aber eher eingeschüchtert und versucht, zurückzuweichen.

02–03   Echtes Spiel lebt von Rollenwechsel, mal hat der eine bei der Rauferei die Oberhand oder ist im Rennspiel der Jäger, dann liegt er unten oder ist der Gejagte.

04–05   Im echten Spiel zeigen Hunde völlig übertriebene Mimik (Spielgesichter) und Gestik.

06   Echtes Spiel ist immer freiwillig, jeder Teilnehmer kann jederzeit unbehelligt aussteigen.

07   Wer Spaß hat, macht weiter. Nach einer kurzen Verschnaufpause geht's in die nächste Runde.

08   Der imposante Hüpfer des Rüden links verunsichert die Hündin rechts. Sie fragt sich: „Was kommt jetzt?"

SCHLUSS MIT LUSTIG!
— *Unterschiede erkennen*

Wenn die Hunde in wilder Aktion sind, ist das Geschehen nicht immer leicht zu durchschauen. So kann alles noch ganz harmlos sein, auch wenn es bedrohlich aussieht.

01

02

01 *Wildes Toben um ein Spielzeug, eine gerade jetzt von allen begehrte Ressource. Diese vier Hunde kennen sich sehr gut, da steht der Spaß im Vordergrund. Mit unbekannten Hunden ist das heikel: Es kann kippen und zu einer ernsthaften Auseinandersetzung führen.*

02 *Zwei gegen eine – so kommt Hund auch zum Ziel. Der Rüde (links) versucht von oben zu reglementieren, währenddessen nutzt die junge Hündin den günstigen Moment und stibitzt das Spielzeug.*

03 *Aua, das tut weh! Das macht keinen Spaß, der Gebissene wird das Spiel abbrechen oder sich wehren. Auf jeden Fall ist der Spaß vorbei. Durch entsprechende Reaktionen der Mitspieler lernen Welpen, wie sie ihre Zähne einsetzen und dosieren.*

03

04

05

04 In solchen Situationen erfreuen sich Beobachter oft am „schönen Spiel" der Hunde. Doch das hier ist kein Spiel, es ist eine unschöne Hatz. Denn die Spiellaune ist gekippt und die Islandhündin vorne, die bereits mehrmals in den Po gekniffen wurde, findet es nicht mehr lustig. Mit zurückgelegten Ohren und rundem Rücken ist sie auf der Flucht. Hier muss der Mensch das Spiel abbrechen.

05 Kämpfe unter Rüden sind oft mehr Schau als Ernst, wie hier. Diese ritualisierten Auseinandersetzungen (Kommentkämpfe) unter Rüden können sehr imposant aussehen. Doch es gibt in der Regel keine ernsthafte Verletzungsabsicht, Spiel ist das aber auch nicht.

WECHSELSPIELE HUND UND MENSCH

Es ist faszinierend, wie Hunde es geschafft haben, sich so auf Menschen einzustellen, mit ihnen zu leben und sie zu verstehen. Die Beziehungen zwischen Mensch und Hund sind unglaublich vielfältig. Da ist etwa der Schäfer, der mit seinem Hund täglich seinen Lebensunterhalt bestreitet, die Seniorin, deren engster Sozialpartner ihr kleiner Hund ist und der Familienhund, der so viele Bedürfnisse gleichzeitig erfüllen soll. Im besten Fall ist die Beziehung Mensch-Hund ein Gewinn für beide.

02

01

01 Ein guter Züchter gibt seinen Welpen Vertrauen zu Menschen mit auf den Weg.

02 Bei Frauchen fühlt er sich sicher. Bieten Sie Ihrem Hund immer einen sicheren Hafen.

03 Führungsqualität – so soll es sein: Ganz selbstverständlich folgt die Truppe ihrer Chefin, ganz ohne Druck und Zwang.

03

04

04 Zu einer guten Beziehung gehört Nähe. Vor allem Secondhand-Hunde können das nicht immer von Anfang an genießen. Etablieren Sie kleine Rituale für Ihren Hund und sich, z. B. das Kuscheln in der Mittagspause, das stärkt Ihre Beziehung.

05 Bieten Sie Ihrem Hund ausreichend Beschäftigung. Gemeinsame und interessante Spaziergänge sind ideal dafür.

06 Das Küsschen hier ist eine liebevolle Geste. Nicht jeder Mensch mag das. Doch der Hund sollte dafür nicht ausgeschimpft oder rüde weggestoßen werden.

05

06

01

DAS EIGENE VERHALTEN REFLEKTIEREN

Nur wenn Sie sich und Ihre Sicht auf Ihren Hund immer mal wieder auf den aktuellen Stand bringen, können Sie ihn richtig einschätzen. Versuchen Sie auch, sein Verhalten aus einem anderen Blickwinkel zu betrachten, nicht nur aus der Perspektive des voreingenommenen Hundehalters. Ein Hundetrainer kann Ihnen dabei helfen.

02

03

BEZIEHUNGSFRAGEN

Mit dem Wissen, das Sie jetzt haben oder sich mit der Zeit aneignen werden, bekommen Sie ganz andere Einsichten. Über Ihren Hund und über sich selbst. Wie wirkt Ihr Verhalten auf Ihren Hund? Nimmt er Sie ernst? Können Sie sich ihm mitteilen? Engen Sie ihn zu sehr ein? Braucht er mehr Führung, Auslastung und/oder Ruhe? Es ist gut, wenn Sie sich selbst und Ihre Rolle in der Beziehung zu Ihrem Hund hinterfragen.

IMMER SO WEITER?

Vielleicht werden Sie in Ihrem bisherigen Handeln bestätigt. Vielleicht erkennen Sie aber auch, dass Sie etwas verändern und weiter daran arbeiten müssen. So bleibt Ihre Beziehung zu Ihrem Vierbeiner stabil und wird sogar noch besser.

04

05

01 Im unbeobachteten Moment auf Diebestour. Was Frauchen nicht weiß ...

02 Eine gut gemeinte Geste wirkt ganz anders. Der Hund fühlt sich bedrängt und zeigt mit dem Lecken der Schnauze eine Beschwichtigungsgeste (siehe Seite 48). Nicht jedes Lob kommt auch als Lob beim Hund an!

03 Rufen Sie Ihren Hund glaubhaft zu sich heran. Schwingt in Ihrem Tonfall mit, dass Sie sowieso nicht daran glauben, dass er Ihrem Ruf folgt, ist die Erfolgsquote viel geringer.

04 Die von oben kommende Hand wirkt auf viele Hunde bedrohlich. Dieser Basset hat gelernt, dass dieses Streicheln seiner Menschen keine Bedrohung ist.

05 Betrachten Sie von Zeit zu Zeit die Beziehung zu Ihrem Hund.

06 Gehen Sie mit Ihrer Körpersprache auf Ihren Hund ein. Viele Hunde sind verunsichert, wenn ihr Mensch sie mit breiter Front erwartet und halten dann eher Distanz. Gehen Sie dann in die Hocke oder drehen Sie den Oberkörper leicht seitwärts.

06

HUNDELEBEN
— in allen Phasen

DAS FÄNGT JA GUT AN!

Schon vor der Geburt eines Hundes werden die Weichen für sein Verhalten gestellt. Jede Erfahrung wirkt sich darauf aus, jede Entwicklungs- und Lebensphase bringt ihn weiter. Und seine Menschen und Lebensumstände haben einen ganz erheblichen Anteil daran.

Hunde können ein Leben lang lernen. Doch es fällt ihnen besonders leicht, wenn sie noch jung sind. In sensiblen Phasen wie dieser festigen sich Nervenverknüpfungen im Gehirn bzw. strukturieren sich um. Der Hund ist jetzt besonders aufnahmefähig, sowohl im positiven wie auch im negativen Sinn. Fehler oder Versäumnisse, die in diese Zeit fallen, lassen sich nur mit viel Aufwand wieder korrigieren oder mindern. Wird das Hundekind hingegen nun optimal gefördert, lernt es auch später leichter, zeigt sich seiner Umwelt gegenüber offen und hat eine gute Basis für das Sozialverhalten in seinem weiteren Leben.

DIE QUAL DER WAHL

Manchmal kommt der Mensch zum Hund wie die Jungfrau zum Kinde, z. B. wenn ein Hund aus der Verwandtschaft, dem Freundeskreis oder der Nachbarschaft übernommen wird/werden muss. Ihre Wege kreuzen sich, der Hund ist plötzlich einfach da und beide machen das Beste daraus. Ideal ist es, wenn beide sich schon vorher kannten.
Doch mit gezielter Auswahl oder einem Plan hat das natürlich nichts zu tun, sondern es ist eine meist aus der Not heraus geborene Lösung. Denn üblicherweise ist da zuerst der Wunsch, sein Leben mit einem Vierbeiner zu teilen. Und dann werden Auswahl und Einzug des Vierbeiners vom künftigen Hundehalter mehr oder weniger geplant.

IN PLANUNG

Für uns gibt es zwei vertretbare Wege, geplant zu einem Vierbeiner zu kommen. Die Reihenfolge ist wertfrei.
1. Über Menschen, die sich seriös dem Tierschutz verschrieben haben und Hunden helfen, die in Not geraten sind – vom klassischen und breit aufgestellten Tierheim bis zum Verein, der sich auf Hunde bestimmter Rassen oder aus bestimmten Regionen spezialisiert hat.
   Die Tierschützer tun das nach besten Möglichkeiten, mit Hunde- und idealerweise auch Menschenverstand und dem nötigen Pragmatismus. Sie beraten bei der Suche nach dem passenden Vierbeiner und beschreiben ihre Tiere, deren Eigenschaften und Bedürfnisse, ohne zu beschönigen, entsprechend den vorhandenen Informationen und persönlichen Eindrücken.

Vom Züchter oder aus dem Tierschutz?

Bei einem guten Züchter werden die Welpen bestens gepflegt ...

... und erfahren die so wichtige Geborgenheit.

2. Durch einen guten, seriösen Züchter, der mit Leidenschaft, Sachverstand und Herzblut dabei ist. Er hat ganz andere Anliegen als die „Züchter"-kollegen, die für ihren finanziellen oder persönlichen Erfolg das Tierwohl opfern, oder die in unseren Augen kriminellen Vermehrer (siehe rechts). Das Ziel eines seriösen Züchters ist es nicht, möglichst viel Geld mit den Hunden zu verdienen. Die Ziele seiner Zucht und der Haltung seiner Hunde sind vorrangig Gesundheit und ein sicheres Wesen – und erst dann Schönheit oder die Eignung für den vorgesehenen Einsatzbereich oder der Erfolg auf Ausstellungen. Wichtiger als viele Auszeichnungen ist ihm der mittel- und langfristige Beitrag der Elterntiere für eine stabile Persönlichkeit, soziale Verträglichkeit und gute Gesundheit. Deswegen wird der Züchter sie auch mit Bedacht auswählen und auf ihr Wesen und ihr Verhalten achten, denn viele Eigenschaften sind genetisch beeinflusst (siehe Seite 10). Fragen Sie deswegen nach, warum der Züchter genau diese Elterntiere ausgewählt hat.

Und bei der Aufzucht schafft er einen sicheren Rahmen für die Welpen und fördert sie, ohne den Bogen zu überspannen. Er bietet ihnen ein Umfeld, das Sinne und Körper anregt, fordert und ihre Entwicklung fördert, und den dafür notwendigen Freiraum, denn Lernen braucht Möglichkeiten.

HERKUNFT PRÄGT VERHALTEN

Warum hier ein Plädoyer für seriöse Züchter und seriösen Tierschutz? Weil Herkunft und Aufzucht großen Einfluss auf das spätere Verhalten haben. Und weil es leider immer noch nötig ist!

WELPEN ALS MASSENWARE

Seit einigen Jahren werden tatsächlich wieder Welpen im Geschäft verkauft, als Ware hinter Glas in Schaukästen. Das ist tatsächlich legal. Doch ist es auch vertretbar?

Nicht zu vergessen die Tausende von Welpen aus Massenzuchten, die jedes Jahr skrupellos verscherbelt werden. Für jeden aus dubioser

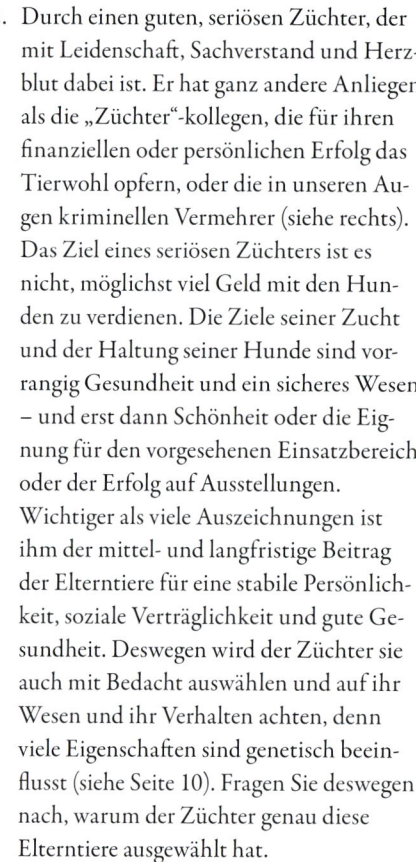

Er achtet auf ein sicheres Wesen der Mutter.

Quelle verkauften Hund werden zig weitere unter erbärmlichen Umständen produziert. Die Mütter sind ausgemergelt von der Welpenproduktion im Akkord, sie vegetieren mit ihren Welpen in kleinen Verschlägen oder Kisten, verdreckt, im eigenen Kot liegend und ohne Möglichkeit für eine gesunde Entwicklung. Ihren Stress übertragen sie bereits schon während der Trächtigkeit auf ihre Kinder. Viel zu früh von der Mutter getrennt, werden die Welpen im LKW quer durch Europa gekarrt, ohne Wasser und Futter, geschweige denn Zuwendung. Gesundheitsvorsorge? Fehlanzeige! Würmer gehören zum Paket, Impfnachweise sind nicht vorhanden oder gefälscht und so verbreiten sich wieder Krankheiten, wie Parvovirose, die auch für unsere Hunde eine Gefahr sind. Wer nicht verkauft wird, „fällt" unterwegs vom Laster.

Viele dieser Welpen, die eine Familie gefunden haben, überleben die ersten Tage nicht. Andere haben evtl. wochen-, monate- oder sogar lebenslang mit den körperlichen und psychischen Folgen ihres frühen Traumas zu kämpfen, werden niemals ganz gesund oder unbefangen. Wollen Sie das unterstützen?

DIE NACHFRAGE BESTIMMT DAS ANGEBOT

Solange es Menschen gibt, die diese Hunde kaufen, werden sie produziert. Was das mit Verhalten zu tun hat? Die Lebensumstände und die Entwicklung in den ersten Lebenswochen eines Welpen bilden das Fundament für dessen körperliche und seelische Gesundheit. Ist dieses Fundament schief, brüchig oder gar nicht vorhanden, kann nicht sinnvoll darauf aufgebaut werden!

Fragen Sie sich ehrlich: Wollen Sie einen Hund, der seine Welpenphase traumatisiert in seinen Exkrementen liegend verbracht hat? Wollen Sie einen Welpen, der die karge Welt um sich herum durch eine Scheibe erlebt hat? Oder wollen Sie einen Welpen, der mit liebevoller Zuwendung aufgewachsen ist, vielfältige Ansprache und Anregungen hatte und im Garten mit seinen Geschwistern und seiner Mutter toben konnte?

Was glauben Sie: Welche Umgebung trägt eher dazu bei, dass ein Welpe sich gut entwickeln kann und offen, neugierig und verträglich mit Mensch und Hund wird? Die Antwort liegt auf der Hand.

DIE ERSTEN WOCHEN IM LEBEN

In seinen ersten beiden Lebenswochen (neonatale Phase) ist der Welpe blind, taub und bewegt sich bei der Suche nach den Zitzen seiner Mutter robbend im Kreis. Er bekommt vermeintlich noch nichts von der Umwelt mit. Doch weit gefehlt: Er kann bereits riechen und empfindet Temperatur, Wohlbefinden, Stress und Schmerzen. Hat seine Mutter Stress, erlebt er das. Sonnt sich seine Mutter in Wohlbefinden, färbt das auf ihn ab. Bereits jetzt erfolgt eine Grundjustierung seines Stresssystems. Wünschenswert wäre ein gutes Mittelmaß an Reizen: Gerade so viele, dass sein Stresssystem behutsam trainiert und belastbar wird. So kann eine Balance erreicht und angemessen auf Stress reagiert werden. Die dritte Lebenswoche ist die „Übergangsphase". Ohren und Augen öffnen sich, der Welpe kann hören und sehen, nimmt nun immer mehr sein Umfeld wahr und vergrößert auch seinen Radius.

SOZIALISATION

Mit der vierten Woche beginnt die „Sozialisierungsphase". Deren Dauer wird auch heute noch häufig sehr eng definiert. Da es beim Hundekind jedoch mehrere Abschnitte „sensibler Phasen" gibt, die für eine stabile Sozialisierung und Verhaltensentwicklung wichtig sind, kann sie viel weiter bis zur Pubertät gefasst werden. Von der fünften bis zur zwölften Woche werden bei regelmäßigem Kontakt nicht nur Hunde als Artgenossen abgespeichert, sondern auch Menschen und andere Tiere als „Pseudoartgenossen" wahrgenommen. Fehlt Menschenkontakt in dieser wichtigen Zeit, tun Hunde sich später sehr schwer im Umgang mit uns Zweibeinern. Hat ein Welpe jedoch viele positive Kontakte mit den unterschiedlichsten Menschen gemacht und lebt seine Mutter ihm freundliches und entspanntes Sozialverhalten mit Menschen vor, wird er sie positiv wahrnehmen. Unerlässlich ist für den Welpen auch das Erleben verschiedenster Umweltreize, damit er diese seinem Erfahrungsrepertoire hinzufügen und ihnen stressfrei begegnen kann. Das bietet ihm die Grundlage, später unvoreingenommen und aufgeweckt mit neuen Reizen umzugehen.

Die beiden Dackelwelpen wachsen behütet auf und entdecken jeden Tag mehr von ihrer Umgebung.

ANPASSUNGSFÄHIGKEITEN

Wir beide haben Hunde sowohl vom Züchter als auch über den Tierschutz aufgenommen. Unsere Erfahrung ist, dass Hunde vom guten Züchter offen für ihr weiteres Leben sind und mit Zuversicht und Neugier auf neue Menschen, Umgebungen und Situationen reagieren. Hunde aus dem Tierschutz, die zwar nicht mit menschlicher Fürsorge, jedoch in der Sicherheit des Rudels mit allerlei Umweltreizen aufgewachsen sind, zeigen sich in der Regel interessiert, sind kommunikativ, lernfähig und flexibel. Verbindet ein Hund Menschen oder bestimmte Situationen mit traumatischen Erlebnissen, geben diese Ängste sich selten ganz, können jedoch gemindert werden. Abseits dieser Ängste können Hunde oft ein ganz normales Leben führen.

Am schwierigsten haben es Hunde, die isoliert aufgewachsen sind bzw. gehalten wurden. Soziale Fähigkeiten wurden kaum entwickelt bzw. sind eingerostet, und es fällt ihnen schwer, sich auf Neues einzustellen. Letzteres betrifft Hunde sowohl vom Hundevermehrer als auch den Tierschutzhund, der früher im Keller oder allein im Zwinger hausen musste.

WAS SIE TUN KÖNNEN

Hundehändler und Co. interessiert es nicht, wie ihre Haltung sich auf einen Welpen und sein Verhalten auswirkt. Denn sie interessieren sich nur für das schnelle Geld. Wer sie unterstützt, weil er beim Kaufpreis sparen will, zu bequem bzw. ungeduldig ist, nach einem guten Züchter zu suchen oder einfach nicht auf einen Welpen warten will, macht sich ebenfalls mitschuldig am Tierleid.

Die Ausrede: „Ich habe das nicht gewusst" zählt nicht mehr! Wie sollen wir das jemand abnehmen, der ständig im Internet unterwegs ist und vor dem Kauf eines neuen Handys, Autos oder Fahrrads jedes Details recherchiert? Oder der immer online in sozialen Netzwerken ist? Denn die Warnungen und Infos zum Thema Billigwelpen gibt es frei verfügbar mit wenigen Klicks im Internet. Und obendrein ganz klassisch in unzähligen Büchern und Kampagnen.

Manche Hundehändler spielen den Käufern einen netten Züchter oder engagierten Tierschützer vor. Informieren Sie sich deswegen über den Züchter oder die Organisation, die

Vermehrer bieten bevorzugt Rassen an, die gerade in Mode sind. Denn die Nachfrage bestimmt das Angebot ...

vielleicht Ihren Traumhund hat. Soll es ein Rassehund sein? Dann machen Sie sich über die Rasse schlau! Das kostet kaum Zeit. Und die sollte es Ihnen wert sein, wenn Sie so eine gute Basis für Ihr Leben mit Hund schaffen können. „Geiz ist geil" bringt nur Leid, wenn es um Tiere geht, sei es beim Kaufpreis oder bei der für die Suche nach einem seriösen Züchter oder Tierschutzverein investierte Zeit. Das geht immer auf Kosten des Hundes. Sie können das besser!

SIE SUCHEN EINEN HUND? DIESE FRAGEN SIND WICHTIG!

— Ist der Züchter einem Verein angeschlossen, der ihn kontrolliert, wie einem Rassezuchtverein, der dem VDH angeschlossen ist? Werden Haltung der Hunde und die Tiere kontrolliert? Können Sie Nachweise für die Kontrollen sehen?

— Stammt der Welpe aus einer sogenannten Leistungszucht? Diese Hunde haben in der Regel ein ausgeprägtes Arbeitsbedürfnis und zeigen rassetypische Eigenschaften mitunter sehr deutlich – erfordern daher meist auch mehr Erfahrung beziehungsweise Engagement.

— Informieren Sie sich über den Tierschutzverein: im Internet und bei Tierärzten vor Ort. Tipp: Sachliche Info bringt Sie weiter als der ständige Appell an Ihr Mitleid.

— Versucht Ihr Ansprechpartner, sich ein Bild von Ihnen, Ihrer Familie, Ihren Lebensumständen und Ihrer Hundeerfahrung zu machen?

— Wie wird der Hund eingeschätzt?

— Haben Sie einen Draht zum Ansprechpartner? Egal, ob Züchter oder Tierschutz: Sie dürfen sich bei Fragen und Problemen immer wieder dort melden.

— Können Sie Impfunterlagen, bei Zuchthunden zusätzlich Papiere, Zuchtzulassung, Prüfprotokolle und ggf. vorhandene Gesundheitsunterlagen bzw. bei Tierschutzhunden Impfunterlagen und ggf. Einfuhrpapiere einsehen?

— Können Sie die Unterbringung der dort lebenden Hunde sehen? Ist alles sauber, hell und gepflegt, jedoch ohne steril zu wirken? Wirken alle Hunde gut gepflegt? Hat z. B. kein Hund einen kotverschmierten After?

— Wenn es Welpen sind: Ist es selbstverständlich, dass man Mutter und Geschwister kennenlernt? Ist die Mutter freundlich, offen und zutraulich?

— Was haben Ihre Erkundigungen über den Züchter oder die Tierschutzorganisation ergeben?

— Gibt es Krankheiten, die bei der Wunschrasse gehäuft vorkommen? Sind die Hunde des Züchters frei davon?

LASSEN SIE SICH NICHT VOM PREIS BLENDEN

Übrigens: Ein höherer Kaufpreis ist nicht zwangsweise ein Hinweis auf eine gute Zucht, denn immer mehr Hundevermehrer heben die Preise an, um sich einen seriösen Anstrich zu geben oder, um ihre Gewinnspanne zu erhöhen. Das klappt besonders bei exotischen Rassen, Modehunden oder besonderen Mischlingen, sogenannten Designerhunden. Oft gibt es dann wahlweise eine (wertlose) Ahnentafel dazu. Da kann es passieren, dass Sie beim Hundehändler oder -produzenten mehr Geld für einen Welpen bezahlen als beim seriösen VDH-Züchter.

Ob billig oder teuer: Für Hunde aus unseriöser Quelle muss häufig auch nach dem Kauf noch zusätzlich bezahlt werden – beim Tierarzt und beim Hundetrainer.

DEN RICHTIGEN FINDEN

Das Verhalten Ihres künftigen Hundes kann vieles für Sie sein: eine Bereicherung, anstrengend, unterhaltsam, vorhersehbar, nervend, genau richtig, unerträglich, ausbaufähig, eine Herausforderung, leicht zu managen, wie erwartet oder ganz anders. Ob der Zeiger dabei eher in die für Sie positive oder negative Richtung ausschlägt, hängt natürlich auch davon ab, wie gut Ihr neuer Vierbeiner zu Ihnen passt und wie hoch Ihre Erwartungen sind. Was sind Sie für ein Typ? Selbsterkenntnis ist der beste Weg zum Wunschhund. Und da ist das Gesamtpaket gefragt, angefangen von Ihrer Persönlichkeit und der Ihrer Familienmitglieder über Ihre Vorlieben bis hin zu Ihren Gewohnheiten und Lebensumständen. Ein unbefangener Blick von Freunden kann hilfreich sein.

Nur eine ehrliche Einschätzung macht es Ihnen möglich, Ihre Ansprüche und die des Hundes abzugleichen und die bestmögliche Passung zu finden. Widerstehen Sie der Versuchung, sich die Dinge schönzureden. Denn Sie müssen 10, 15 oder vielleicht auch mehr Jahre mit dieser Entscheidung leben. Wenn Sie eher der gemütliche Typ sind und sich zu jeder sportlichen Aktivität zwingen müssen, wird sich das vermutlich auch nicht ändern, weil Sie sich in einen sehr aktiven Hund verliebt haben. Und wenn Sie nicht für Ihre Durchsetzungsfähigkeit bekannt sind, sollte es auch kein Hund sein, der danach verlangt.

Fangen Sie dann lieber mit einem Hund an, dessen Anforderungen Sie scheinbar leicht erfüllen können. Wichtig ist, dass es passt oder es sich realistisch passend machen lässt. Denn der schönste und liebste Hund wird Sie nicht glücklich machen können und auch selbst nicht glücklich werden, wenn die grundsätzlichen Bedürfnisse von Mensch und Hund nicht zusammenfinden – sicher der häufigste Grund für Beziehungsprobleme zwischen Zwei- und Vierbeiner.

DIE AUSWAHL

Machen Sie sich ein Bild von den Welpen oder dem infrage kommenden älteren Vierbeiner, wenn möglich durch mehrmalige Besuche. Wenn Sie Ihren Hund vom guten Züchter oder Tierschutz bekommen, werden Sie bei der Auswahl beraten, aber nicht gedrängt. Vielleicht wird Ihnen sogar von Ihrem Wunschkandidaten abgeraten. Denn oft werden z. B. die Welpen ausgesucht, die die Besucher sehr ungestüm begrüßen und sich sofort über Schnürsenkel oder Knöpfe hermachen. Doch diese forschen Zwerge sind meist taffe kleine Kerlchen, die in der Regel souveräne, konsequente und dabei trotzdem liebevolle Führung brauchen, damit sie ihre positiven Seiten entwickeln können und nicht zu kleinen Nervensägen mutieren.

Wissen, was passt: Diese Hündin hat den richtigen Platz ...   *... mit netten Menschen gefunden.*

— Zeichnet sich bereits schon ab, dass ein Hund ein sehr durchsetzungsfähiger Typ ist, sollten seine Menschen ebenfalls diese Eigenschaft besitzen.

— Welpen, die sehr forsch oder jetzt schon kleine Raufer sind, müssen meist eher gebremst werden.

— Welpen, die sich oft abseitshalten, aber durchsetzen können, wenn es ihnen wichtig ist, sind jetzt schon unabhängige, mental starke kleine Persönlichkeiten.

— Hundekinder, die sich aus dem Spiel der Geschwister raushalten und anscheinend ständig untergebuttert werden, brauchen von ihren Menschen hingegen Motivation und Sicherheit, damit sie Selbstvertrauen aufbauen können.

— Spielt ein Welpe viel mit seinen Geschwistern, ist er ein geselliger Typ – die ideale Voraussetzung für einen klassischen Familienhund. Allerdings nur, wenn es sich um echtes Spiel (siehe Seite 64) handelt und nicht darum, die Geschwister ständig zu „vermöbeln".

Das Verhalten eines Welpen ist zwar nur eine Momentaufnahme. Trotzdem kann es wichtige Tendenzen für seine Grundpersönlichkeit und das Verhalten zeigen. Wie ein Welpe sich in seinem Leben weiterentwickeln wird, ob er z. B. mit Zuversicht auf neue Dinge zugeht, ob er ein Rowdy oder ein kleiner Angsthase wird, wird jedoch wesentlich auch von seinen Menschen und deren Art beeinflusst, ihn anzuleiten und zu lenken.

MÖGLICHE KONSTELLATIONEN

Zur Erinnerung die Persönlichkeitstypen (siehe Seite 22):

— Typ A: Fackelt nicht lange, prescht eher vor und neigt dazu, Grenzen auszutesten.

— Typ B: Eher abwartend bis zaghaft, vermittelnd bis nachgiebig.

Was passiert, wenn ausgeprägte Persönlichkeiten bei Hund und Mensch gleichen oder unterschiedlichen Typs aufeinandertreffen?

EINZUG

Ein neuer Hund – ob Welpe oder erwachsen – zieht ein und wird Ihren eingespielten Alltag ganz schön durcheinanderwirbeln. Und ist er noch so lieb: Ihre Routine wird unterbrochen, Sie haben eine weitere Aufgabe und sind zumindest in den ersten Wochen nicht mehr so flexibel. Da kann es passieren, dass Sie sich nach ein paar Tagen oder Wo-

☞ EINE FRAGE DES TYPS

HUND	MENSCH	MÖGLICHE FOLGEN, DAZWISCHEN IST ALLES MÖGLICH
A	A	Im besten Fall: Bündeln als Team ihre Energien, werden zum „dynamischen Duo" und beflügeln sich gegenseitig. Im schlimmsten Fall: Rauben sich gegenseitig die Nerven, keiner macht Zugeständnisse, sie werden für andere Hunde und deren Menschen der Schrecken auf der Hunderunde. Auf jeden Fall sind beide sehr entscheidungsfreudig und zögern nicht lange.
A	B	Im besten Fall: Der Mensch vermittelt dem Hund Ruhe und Stetigkeit und zügelt so dessen leicht aufbrausendes Temperament. Der Hund lockt seinen Menschen etwas aus der Reserve, dadurch wird dieser etwas forscher und mutiger. Beide ergänzen sich optimal. Im schlimmsten Fall: Der Mensch ist seinem Hund nicht gewachsen und völlig überfordert, nicht selten auch verzweifelt. Dem Hund fehlt jegliche Sicherheit und Führung, er regelt alles selbst, nimmt seinen Menschen nicht ernst – er macht, was er will bzw. was er meint, tun zu müssen.
B	A	Im besten Fall: Die Energie des Menschen zieht den Hund mit, er geht mehr aus sich heraus und wird taffer. Der Mensch nimmt sich im Umgang mit dem Hund etwas zurück. Beide ergänzen sich optimal. Im schlimmsten Fall: Die starke Präsenz des Menschen „erdrückt" den Hund. Er traut sich immer weniger, fällt mehr und mehr in sich zusammen. Der Hund zieht sich meist innerlich zunehmend zurück.
B	B	Im besten Fall: Beide haben sehr „sensible Antennen" für die Bedürfnisse des anderen, jeder steht für den anderen ein und wächst dabei über sich hinaus, dadurch fühlen sich beide stärker. Die gegenseitige Einschätzbarkeit gibt Sicherheit, der rücksichtsvolle Umgang miteinander tut gut. Im schlimmsten Fall: Keiner gibt dem anderen Sicherheit, sie ziehen sich gegenseitig runter. Sind beide auch noch unsichere oder vielleicht sogar ängstliche Naturen, befeuern sie ihre Ängste gegenseitig.

Nicht nur für Welpen ist viel Nähe zu ihren Menschen wichtig – ganz besonders nach dem Umzug.

chen vielleicht fragen, was Sie geritten hat, sich einen (weiteren) Hund ins Haus zu holen – wo Ihr Leben vorher doch so easy war. Keine Panik, das geht vielen so! Sie und Ihr neuer Hund müssen sich erst einmal zusammenraufen, Ihren gemeinsamen Rhythmus finden und eine Beziehung aufbauen. Und Sie werden sehen: Bald kommt der Moment, in dem Ihnen klar wird, dass Sie diesen Vierbeiner um nichts in der Welt wieder hergeben würden. Und dann gehören Sie zusammen.

EIN WELPE KOMMT

Übernehmen Sie einen Welpen von einem guten Züchter, hat dieser schon wichtige Vorarbeit geleistet. Nun ist es an Ihnen, das Hundekind mit seinem neuen Leben vertraut zu machen und die Erziehung fortzuführen. Ob Welpe oder erwachsener Hund: Geben Sie ihm in aller Ruhe Gelegenheit, die Umgebungen,

Tiere, Situationen und Gegenstände kennenzulernen, denen er auch später begegnen wird. Überfordern Sie ihn aber nicht, denn Ruhe ist für ihn genauso wichtig wie das ausgewogene Maß an neuen Erfahrungen. Lassen Sie ihn ohne Störungen schlafen, wenn er müde ist. Geben Sie Ihrem Welpen Nähe – ohne Wenn und Aber! Heult oder jammert er, ist das ein Ausdruck der Verzweiflung eines Kindes, das allein gelassen wurde. Versetzen Sie sich in die Lage des Kleinen: Seiner Mama, seinen Geschwistern und seinem vertrauten Umfeld entrissen, findet er sich in einer völlig fremden Umgebung wieder. Kuscheln Sie mit ihm, lassen Sie ihn in Ihrer Nähe schlafen und vor allem: Lassen Sie ihn nachts nicht allein. In einer Box neben Ihrem Bett, mit Ihrer Hand auf ihm, fühlt er sich Ihnen nah und beschützt. Ein erster Baustein für eine Bindung bzw. enge Beziehung ist gesetzt.

Herdenschutzhund Sey wartet im Tierheim auf eine neue Familie, die seine Bedürfnisse erfüllen kann.

EIN HUND MIT VORGESCHICHTE

Hunde, die älter übernommen werden, haben bereits einige Erfahrungen gemacht. Diese können sich in jedem Bereich des Lebens für einen Hund positiv oder negativ auswirken. Manche haben in der neuen Familie vielleicht Probleme mit der Stubenreinheit, weil dies nicht mit ihnen trainiert wurde oder sie z. B. in einem Verschlag gelebt haben. Andere können durch ihre mangelnden oder negativen Erfahrungen vielleicht Unsicherheiten oder Ängste bei bestimmten Geräuschen, Gesten, Objekten, Menschen oder Artgenossen allgemein oder bestimmten Typs zeigen. Viele sind aber auch solche Frohnaturen, dass ihr Ballast ganz schnell von ihnen abfällt.

Heike: „Wir haben bereits fünf Hunde ‚gebraucht' übernommen. Und ich finde es immer wieder faszinierend, wie sie sich in ihr neues Leben eingefügt haben. Sie kamen, sahen, fühlten sich wohl und waren zu Hause. Im Nachhinein betrachtet haben es uns alle leicht gemacht. Bei unseren fünf war es nicht nur Glück, dass sie sich so gut eingelebt haben: Uns war schon immer bei der Auswahl wichtig, dass sie gut zu uns passen.

Doch auch wenn ein Hund etwas mehr Unterstützung braucht, sich in sein neues Leben einzufinden, kann das eine sehr erfüllende – wenn auch anstrengende – Zeit sein. Hunde, die ihre Menschen am meisten fordern, wachsen ihnen oft auch besonders ans Herz. Jeder Mensch sollte natürlich im Vorfeld überlegen, was er sich zutrauen kann. Der Vorteil bei Hunden mit Vorgeschichte ist, dass ihre Persönlichkeit schon einschätzbar ist. Im neuen Heim werden sich dann aber vielleicht neue Facetten zeigen oder viel deutlicher zu Tage treten. Manchmal dauert es sechs oder zwölf Monate oder sogar länger, bis ein Hund ganz aus sich herausgeht. Bei Baijra ging es schneller: Die stattliche, fünf Jahre alte Hündin stammt ursprünglich aus Polen und hat fast ihr ganzes Leben im Tierheim verbracht. Eine Freundin verliebte sich in sie und nahm sie für ein Wochenende mit nach Hause, um abzuklären, ob sie sich mit den Katzen und dem anderen Hund verträgt. Alles kein Problem, doch schon am ersten Tag zeigte sich, das Baijra ausgeprägtes Schutzverhalten zeigte. Und da war es eigentlich ganz deutlich zu sehen, dass bei ihr wohl ein Herdenschutzhund mit drin steckt. Im Zwinger des Tierheims zeigte sie das nie. Doch plötzlich hatte sie ein eigenes Haus mit Garten. Das war ihr wichtig und das galt es, zu verteidigen. Ein Glück für Baijra, dass meine Freundin Erfahrung mit Schutzverhalten hat. Sie durfte bleiben und führt bis heute ein glückliches Leben."

Bei erwachsenen Hunden gilt genau wie bei einem Welpen: Haben Sie Geduld, geben Sie Nähe, Sicherheit und einen Rahmen.

Susanne: „Die erste Zeit mit einer ‚Neuen' (ich habe eine Hündinnen-Gruppe) ist immer aufregend. Weil ich mehrere Hunde habe, spielt Integration in die vorhandene Truppe eine große Rolle. Für mich sind dann zwei Dinge wichtig:

1. Ich gebe nicht alle Privilegien für ‚lau' – also umsonst – her.
2. Die Neue startet neutral.

Ob der Hund auf Sofa oder Bett liegen darf, sollte frühzeitig entschieden werden. Wenn ja, ist es ein Privileg.

Das bedeutet, dass ich in den ersten Stunden und Tagen genau hinschaue: Wie verhält sich die neue Dame? Gibt es Sachen (Ressourcen, siehe Seite 18), die ihr sofort sehr wichtig sind? Wie verhält sie sich zu den vorhandenen Hunden?

Und ich habe einen roten Faden: Es gibt eine Struktur und Regeln, die eingehalten werden müssen, z. B. Verhalten, das ich nicht dulde. Dafür biete ich Sicherheit und Schutz in unbekannten oder den Hunden merkwürdig erscheinenden Situationen. So spürt die Hündin, dass sie willkommen ist.

An meiner Hanni kann ich das schön erklären: Als sie einzog, war schon in den ersten Minuten klar: Ihr ist das Sofa megawichtig. Jetzt ist es so, dass ich kein Problem mit Hunden auf dem Sofa habe. Aber ich mag auch nicht, dass ein Hund sofort und selbstverständlich darauf Platz nimmt, noch dazu die anderen leise knurrend zu vertreiben versucht. Außerdem ist es mir wichtig, dass die Hunde ohne jeden Zweifel vom Sofa gehen, wenn ich

das möchte. In der Praxis: Hanni hatte die ersten drei Monate keine Sofaerlaubnis. Am ersten Abend habe ich sie immer wieder ins Körbchen geschickt – etwa 50 Mal. Ich wollte einfach nicht, dass sie als Neuzugang sofort die Poleposition hat. Mir ist die soziale Kompetenz meiner Hunde sehr wichtig, genau wie meine eigene Position. Mein Wort gilt, ohne Wenn und Aber! Und da ich hauptsächlich Windhunde habe, ist meine größte Herausforderung, dass im Freilauf mein Wort (mein Rückruf) absolute Priorität hat – so weit das für einen Windhund entsprechend seiner Veranlagung eben möglich ist. Das zu erreichen, muss im scheinbar Kleinen – also im Zuhause – anfangen. Und zwar genau am ersten Tag. Schlussendlich durfte Hanni nach drei Monaten auch aufs Sofa. Denn sie hatte gezeigt, dass sie sich auf den Spaziergängen an mir orientiert und sich ganz entspannt in die vorhandene Damenmannschaft einsortiert. Als der Moment dann kam, war sie ganz perplex und das Sofa ihr inzwischen total egal."

DARF DER HUND AUFS SOFA?

Stellen Sie besonders bei bereits erwachsenen Neuzugängen rechtzeitig Regeln auf, was Ihr Hund darf und was nicht. Ist das Sofa tabu, sollte es von Anfang an so gehandhabt werden. Sie möchten mit ihm auf dem Sofa kuscheln? Kein Problem, doch dann bitte nach Ihren Regeln. Dann gibt es auch keinen Streit um die begehrten Plätze.

JEDER WELPE IST INDIVIDUELL

Wenn es um die Entwicklung geht, sind Zeitangaben nur Richtwerte, denn jeder Hund entwickelt sich nach seinem eigenen Tempo. Das kann mit der Rasse zusammenhängen: Kleine, pfiffige Hunde sind meist frühreife Gesellen, große Hunde gehören oft zu den Spätentwicklern. Egal, ob Ihr Hund ein Früh- oder ein Spätentwickler ist: Die besten Anlagen sind nutzlos für einen Hund, wenn sie nicht gepflegt werden.

IN DIE WELT HINAUS

Das Erleben verschiedenster Umweltreize ist für einen Welpen unerlässlich, damit er diese seinem Erfahrungsrepertoire hinzufügen und ihnen stressfrei begegnen kann. Das bietet ihm die Grundlage, später unvoreingenommen und aufgeweckt mit neuen Reizen umzugehen. Das Gehirn eines Welpen lechzt jetzt geradezu danach, mit Informationen gefüttert zu werden. Erliegen Sie aber bitte weder jetzt noch später der Versuchung, unbedingt einen Katalog an festgelegten Umwelterlebnissen innerhalb kürzester Zeit abhaken zu müssen und dadurch sich und den Welpen unter Druck zu setzen. Das gilt übrigens genauso, wenn ein erwachsener Hund bei Ihnen eingezogen ist. Achten Sie stattdessen mehr auf die Reaktionen Ihres Hundes und richten Sie sich danach aus. Bieten Sie ihm positive Kontakte zu Menschen und Tieren, ohne ihn zur Annäherung zu zwingen. Sie können ihm

Cool zu bleiben, auch wenn es drumherum turbulent zugeht, muss ein Welpe erst noch lernen.

Beobachten und lernen, so wie der kleine Dackel hier.

Dann geht's los für ein entspanntes ...

vormachen, wie ungefährlich, unterhaltsam oder sogar lustig der Kontakt ist. Doch ob er mitmacht oder nicht, soll er selbst entscheiden. Selbst ein „Guck mal!" kann schon zu viel sein. Halten Sie sich bei Trubel etwas abseits mit ihm, damit er aus sicherer Entfernung erst einmal zuschauen kann.

ERSTE SPAZIERGÄNGE MIT DEM WELPEN UNTERNEHMEN

Für einen Welpen ist bis zur 14. Woche ein Umfeld besonders wichtig, das ihm vertraut ist und Geborgenheit gibt. Spaziergänge, die ihn von dort wegführen, können ihn überfordern. Für Sie bedeutet das: Halten Sie die Spaziergänge kurz und führen Sie den Welpen nicht zu weit von zu Hause weg – mal ums Haus rum. Tatsächlich wollen die meisten Welpen auch gar nicht weit weg und legen am Gartenzaun die Bremse ein. Alternativ bringen Sie ihn mit dem ihm bereits vertrau-

ten Auto zum Ziel. Nach und nach erweitert sich der Radius und dann werden auch die Wege von zu Hause weg immer entspannter. Das ändert sich ab der 14. Woche, einer ebenfalls sensiblen Zeit. Begegnete der Welpe bisher allem Neuen meist unvoreingenommen und furchtlos, zeigt er eventuell jetzt ein „Fremdeln", wenn er draußen Menschen oder Hunden begegnet, und er reagiert vielleicht vermehrt schreckhaft auf optische Reize, Geräusche und Unbekanntes allgemein. Denn in dieser Entwicklungsphase wagen die Welpen sich naturgemäß weiter in die Welt hinaus. Und die Natur hat es sinnvollerweise so eingerichtet, dass damit auch eine größere Vorsicht einhergeht, denn es können ja überall Gefahren lauern. Negative Erlebnisse können sich jetzt tief einbrennen und sollten möglichst vermieden werden. Besser ist es, positives Erleben sowie Selbstbewusstsein, Offenheit und Mut des Kleinen zu fördern.

... Spiel mit dem großen Freund.

Erwachsene Hunde sind gute Vorbilder.

SICHERHEIT BIETEN

Die Nähe eines vertrauten Sozialpartners mindert Stress. Kommt Ihr Hund, ob Welpe oder erwachsener Neuzugang, in eine fremde Umgebung, bieten Sie ihm Halt, indem Sie an seiner Seite sind bzw. ihm einen sicheren Rückzugsort geben, wenn ihm danach ist. Sie geben ihm Sicherheit und Geborgenheit und er kann bei Ihnen Gelassenheit und Mut tanken.

MYTHOS WELPENSCHUTZ

Es ist Ihre Aufgabe, Ihren Welpen zu schützen, nicht die anderer. Der Schutz von Welpen findet in der eigenen Familie durch die Familienmitglieder statt, andere Hunde haben mit Ihrem Welpen nichts am Hut. Es gibt zwar immer wieder nette Artgenossen, die sich gerne mit Welpen beschäftigen – Ziehmütter sind solche Beispiele –, doch viele finden die wuseligen und aufdringlichen kleinen Dinger grässlich, manche sogar eklig und gerade viele Hündinnen knurren fremde Welpen weg. Und darauf vertrauen, dass ein fremder Hund immer freundlich mit Ihrem Kleinen ist, sollten Sie nicht.

Artgenossen – und fremde schon gar nicht – müssen sich nicht alles von Ihrem Kleinen gefallen lassen. Wenn es gut läuft, zieht der andere Hund sich dann zurück oder er reglementiert den Welpen angemessen. Da kann es auch schon mal passieren, dass der Knirps laut quietscht. Doch verletzt ist er nicht und hat hoffentlich gelernt, beim nächsten Mal etwas vorsichtiger auf andere zuzugehen. Wenn es schlecht läuft, gerät der Kleine an einen Artgenossen, der grob mit ihm ist oder direkt schnappt, wenn ihm was nicht passt. Wägen Sie also jedes Mal aufs Neue ab, ob Sie Ihrem Welpen Kontakt zu fremden Hunden erlauben. Und sprechen Sie sich vorher mit deren Haltern ab.

☞ **VERHALTEN** BEIM ERKUNDEN

VERHALTEN	TIPP FÜR SIE
Der Welpe oder erwachsene Hund …	Achten Sie immer darauf, dass der Hund bei seinen Erkundungen nicht zu Schaden kommt.
… stürzt sich auf alles Neue und Unbekannte.	Beobachten Sie die Umgebung noch mehr als sonst vorausschauend. Bremsen Sie ihn immer wieder einmal ab. Trainieren Sie intensiv am Rückruf, damit das bald auch unter Ablenkung klappt. Üben Sie mit Ihrem Hund, Ruhe und Frustration (siehe Seite 24) auszuhalten. Sinnvoll wären einige Einzelstunden mit einem Hundetrainer.
… ist offen, neugierig und mutig, jedoch mit einer gesunden Portion Vorsicht.	Machen Sie so weiter wie bisher, das scheint genau der richtige Weg zu sein. Haben Sie ein Auge darauf, dass Ihr Hund dieses Verhalten beibehält.
… ist neugierig, traut sich aber nur wenig.	Versuchen Sie, das Selbstbewusstsein des Hundes aufzubauen. Bestärken Sie ihn, wenn er sich was getraut hat. Bieten Sie ihm viele kleine Erfolgserlebnisse. Machen Sie ihm vor, wie toll neue Erfahrungen sein können, ohne Druck auf ihn auszuüben. Steigern Sie behutsam den Grad der Reize, Trubel sollte erst mit etwas Abstand betrachtet werden.
…ist ängstlich, traut sich nichts.	Geben Sie Ihrem Hund Sicherheit durch Ihre Präsenz. Es ist gut, wenn er bei Ihnen Schutz sucht. Bedauern Sie ihn nicht, das verstärkt seine Angst. Gehen Sie mit gutem, mutigen Beispiel voran und zeigen Sie ihm, dass Sie gelassen und unbeeindruckt sind. Versuchen Sie, sein Selbstbewusstsein aufzubauen. Bestärken Sie ihn, wenn er sich was getraut hat. Machen Sie ihm vor, wie toll neue Erlebnisse sein können, ohne Druck auf ihn auszuüben. Steigern Sie behutsam entsprechend seinen Fortschritten den Grad der Reize, Trubel sollte vorerst vermieden werden. Sinnvoll wären einige Einzelstunden mit einem Hundetrainer.
… reagiert panisch auf bestimmte oder mehrere Reize, ist dann nicht mehr ansprechbar.	Wenden Sie sich an einen erfahrenen Hundetrainer.

EINE FRAGE DER BEZIEHUNG

Durch frühen positiven Kontakt mit Menschen werden diese für einen Welpen vertraut und es entsteht eine generelle Bereitschaft, sich auf sie einzulassen. Doch erst ab etwa der 14. Woche beginnt auch die Zeit, in der ein Hundekind Bindungen zu Menschen aufbaut. Also erst jetzt beginnt Ihr Welpe, sich speziell an Sie zu binden. Nutzen Sie die kommenden Wochen besonders und verbringen Sie viel Zeit mit Ihrem Hund. Denn was Sie jetzt mit ihm erarbeiten, muss später nur gefestigt werden, das gilt auch für den Einzug eines erwachsenen Hundes:

Machen Sie sich attraktiv für Ihren Hund, indem Sie ihn souverän mit Lebenserfahrung und Weitblick leiten, anleiten sowie Sicherheit, Schutz, ein behagliches Heim sowie Struktur bieten und der nötige Spaß nicht zu kurz kommt. Hunde wünschen sich einen Menschen, der einen Plan von dem hat, was er macht, und der auch ein Ziel verfolgt: Er weiß, was er macht und warum er es macht. Er ist dabei konzentriert und verbindlich, führt Regie, wirkt entschlossen und besitzt im besten Fall eindrucksvolle Präsenz und Charisma.

Die Übernahme eines Hundes – egal woher – sollte immer das Versprechen sein, sich um ihn zu kümmern. Geben Sie Ihrem Hund Grund, Ihnen zu vertrauen und sich ganz auf Sie zu verlassen. Und das kann er nur durch positive Erfahrungen mit Ihnen und die Einlösung Ihrer Versprechen.

Widmen Sie Ihrem Hund genügend Zeit und Zuwendung. Beziehungen und Bindungen müssen wachsen und gepflegt werden. Und vor allem: Seien Sie für ihn da, wenn er emotionaler Unterstützung bedarf. Die Belohnung wird eine tiefe, innige und von Vertrauen geprägte Beziehung bzw. Bindung zwischen Ihnen sein. Wenn das gegeben ist, ergibt sich der Rest meist von ganz allein.

Die Mutter geht vor, die Welpen folgen ohne zu zögern.

Vertrauen muss erst verdient werden.

Gemeinsam arbeiten ist das Schönste.

BEZIEHUNG UND BINDUNG

Eine Beziehung wächst auch durch Regelmä-
ßigkeit und Vorhersehbarkeit. Sie haben sogar
mit dem Postboten eine Beziehung, weil Sie
wissen, wann er Ihr Grundstück betritt, Sie
und er einige Worte wechseln und dies regelmäßig wiederholen. Es ist jedoch kein Drama
für Sie, wenn ein anderer Postbote Ihre Briefe
und Pakete bringt. Anders wäre das, wenn Sie
eine Bindung zum Postboten hätten. Denn
ein Merkmal der Bindung ist die Exklusivität,
genau wie die Bindung zum Lebenspartner
oder zum Kind: Da kann auch nicht einfach
eine andere Person den Posten übernehmen.
Wenn Sie und Ihr Hund eine Bindung haben,
kann kein Part durch einen anderen ersetzt
werden. Ihre Abwesenheit wird für den Hund
immer ein Desaster sein, egal wie außerordent-
lich liebenswert der Hundesitter auch sein
mag. Sollten Sie also tatsächlich eine enge Bindung haben, ist es sinnvoll, wenn da immer
noch eine weitere Person ist, zu der Ihr Hund
ebenfalls eine Bindung oder wenigstens eine
enge Beziehung aufgebaut hat. Denn nur so
kann er im Falle Ihrer Nichtverfügbarkeit
aufgefangen werden.

Hunde machen es uns wirklich leicht, eine
gute Beziehung oder sogar eine Bindung mit
ihnen aufzubauen. Noch dazu sind wir neben
ihren Artgenossen ihre bevorzugten Sozialpartner. Daraus gilt es dann auch, was zu
machen. Eine enge, gute Beziehung, aber vor
allem eine Bindung, muss wachsen und entsteht nicht durch Übergabe der Hundepapie-
re. Damit das klappt, müssen sowohl Mensch
als auch Hund investieren: Zeit, Zuwendung
und Vertrauen.

HUNDE UND KINDER

Welpen und Kinder – zwischen ihnen scheint
es eine natürliche, innige Beziehung zu geben.
Landläufig wird daher angenommen, dass
Hund und Kind immer ein gutes, glückliches
Team sind. Und es gibt sie, diese Freundschaf-
ten à la Lassie, wo Kind und Hund sich ohne
Worte verstehen, tief verbunden und immer
füreinander da sind. Dass das „Kind-Hund-
Idyll" aber auch seine Tücken haben kann,
erleben wir immer wieder, denn die Realität
ist meist anders als im Lassie-Land.

So kann man ab und zu beobachten, dass Hunde die Kinder der Familie umrennen, zähne-
fletschend ihr Futter verteidigen, sich an den
Spielzeugen des Kindes bedienen und sich
dessen Kekse schmecken lassen. Andere Hunde finden kein Ende und fordern die Kinder
penetrant zum Spiel auf, balgen grob oder packen beim Spielen in die Hacken oder Hände.
Hingegen kann ein Hund ganz anders emp-
finden, was für den Beobachter ein sehr inni-
ger und vertrauter Umgang zu sein scheint:
Die schnelle Annäherung von hinten, das
Hochheben, Tragen oder die herzhafte Um-
armung. Für ihn kann das wie ein Überfall
wirken oder sogar schmerzhaft sein, auf jeden
Fall übergriffig. Dies kommt besonders häufig
vor bei sehr temperamentvollen oder jungen,
feinmotorisch noch ungeschulten Kindern.
Es wirkt niedlich, wenn ein Kind sich zum
Hund auf dessen Schlafplatz legt, kann für
den Hund aber eine Belagerung seines Rück-
zugsortes sein. Werden Ruhe- und Schlaf-
zeiten des Hundes nicht respektiert, wird er
genau wie ein übermüdetes Kind unkonzent-

Die Regeln müssen klar sein für Hund und Kind.

riert, ungeduldig und reizbar. Der Hund wird zum wilden Spiel animiert und beißt Löcher in die Hose, er nimmt vom angebotenen Keks, wird aber geschimpft und ist immer der Übeltäter, weil er das nicht darf. Ist das fair?

EINHALT GEBIETEN

Hier sind ganz klar die Eltern gefragt, alle Beteiligten zu regulieren und an den passenden Stellen eben auch mal Einhalt zu gebieten. Verlassen Sie sich nicht darauf, dass ein Hund immer eine Engelsgeduld hat, auch ihm kann es mal zu viel werden. Und überlassen Sie es nicht einem Kind, die Angelegenheit zu regeln. Kinder können und sollen Hunde nicht erziehen und umgekehrt, beides ist ganz klar Aufgabe der Eltern, denn sie sind die einzig Erziehungsberechtigten und tragen die Verantwortung. Und sie müssen hundgerechtes Verhalten vorleben und darauf achten, kritische Situationen zu vermeiden. Im Zweifel empfiehlt es sich, einen Hundetrainer hinzuzuziehen. Und dann nicht, um nur den Hund „wieder auf die Spur" zu bringen, sondern sowohl Hund als auch Kind die Umgangsregeln und deren Einhalt zu vermitteln. Und zwar möglichst früh, denn die ersten Anzeichen beim Hund als auch beim Kind, wie Unbehagen, der Versuch, die Situation zu meiden oder Deeskalationsversuche, werden meist übersehen und der Trainer wird erst gerufen, wenn aus dem Missverständnis ein Problem geworden ist.

Wenn alle Voraussetzungen erfüllt sind, kann ein Kind sich keinen besseren Kumpel wünschen als einen Hund, in einer respektvollen und von Einfühlungsvermögen geprägten Beziehung, von der beide profitieren.

EIN HUND ZIEHT UM

— *Interview*

Der Einzug in eine neue Familie ist nicht immer leicht. Wo passt ein Hund hin? Und welche Rolle spielt sein Verhalten für das neue Zuhause? Die Züchterin Elke Landrock-Bill, die Tierheimleiterin Christine Nickel und Helge Wenger, die Vorsitzende der Initiative Windhundhilfe, beantworten unsere Fragen.

Worauf achten Sie bei der Auswahl der neuen Halter im Besonderen?

Elke Landrock-Bill: Erst wenn die Welpen sechs Wochen alt sind, wird zusammen mit der künftigen Familie besprochen, wer welchen Welpen bekommt. In diesem Alter kann ich durch Beobachtung und Spiel natürlich nur das momentane Verhalten einordnen, eine Prognose für die Zukunft ist nur schwer möglich. So lässt sich die spätere Ausprägung des Jagdtriebes gar nicht vorhersagen. Ich achte z. B. darauf, ob ein Welpe besonders verspielt, selbstständig oder durchsetzungsfähig bei seinen Geschwistern ist, sich leicht motivieren lässt oder sich auffällig oft absondert. Und das Verhalten des Welpen muss zu den Menschen seiner künftigen Familie passen.

Christine Nickel: Wir achten darauf, dass Hund und Mensch z. B. vom Charakter und Alter, von ihrer körperlichen Konstitution etc. zusammenpassen. Ich kann z. B. nicht einen jungen, lauffreudigen und arbeitswilligen Hund an einen Menschen geben, der aufgrund seiner Verfassung keine Auslastung bieten kann. Wir schauen darauf, ob ein Hund unkompliziert oder eine Herausforderung ist, und dementsprechend zu einem Anfänger kann oder einen Menschen mit Erfahrung oder überdurchschnittlichem Engagement braucht, z. B. wegen seines Durchsetzungsvermögens, Jagd- oder Hütetriebs, weil er ängstlich ist oder wegen einer Erkrankung besondere Pflege braucht.

Helge Wenger: Wir schauen uns soweit bekannt die Vorgeschichte und den Hund insgesamt genau an. Wie verhält er sich mit Frauen, Männern, Kindern, anderen Hunden und Katzen? Wie benimmt er sich an der Leine? Ist Freilauf möglich? In welche Umgebung würde der Hund passen? Wie ist sein Bewegungsbedürfnis? Etc. Es gibt „Hundehunde", die zu Hause unbedingt Hundegesellschaft brauchen bzw. selten auch solche, die einfach gute Rudelhunde sind. Die geben wir nicht in Einzelhaltung. Anders als die „Menschenhunde", die nur ihre Leute brauchen bzw. wollen. Entsprechend suchen wir die Menschen für diesen Hund aus.

Die Leiterin des Dillenburger Tierheims, Christine Nickel, mit Mastin Espanol Sey.

Wenn der Hund im neuen Zuhause ist: Welches Verhalten macht am häufigsten Probleme?

Elke Landrock-Bill: Bei Islandhunden ist es die Gewöhnung an das Alleinbleiben, weil sie sich damit sehr schwertun. Dies wird bereits vor der Abgabe des Hundes besprochen und ich versuche, den neuen Besitzern mit meinem Rat beiseitezustehen.

Ab dem 5. / 6. Monat ist es dann oft die Leinenführigkeit. Junge Islandhunde sind oft wild und stürmisch. In der Hundeschule klappt die Leinenführigkeit ganz gut, doch nicht im Alltag beim Spaziergang. Auch da versuche ich zu beraten. Meine Erfahrung als Hundetrainerin kommt mir da sehr zugute.

Christine Nickel: Hunde, die sehr stark und durchsetzungsfähig sind oder werden. Im neuen Zuhause testen Hunde oft Grenzen aus oder verteidigen ihre Familie. Unerwünschte Verhaltensweisen verstärken sich, wenn die Führung fehlt. Unausgeglichene, nicht genug geforderte Hunde können ihre Menschen schnell überfordern.

Helge Wenger: Die meisten Probleme gibt es durch fehlende Stubenreinheit erwachsener Hunde. Sie müssen erst wieder lernen, sich draußen zu lösen. Zerstören von Schuhen, Möbeln etc. gehört zu den Spitzenreitern bei Problemen, ebenso wie Aggression und Angst bzw. Unsicherheit. Mit guter Beratung, Geduld und Engagement lassen sich die meisten Probleme in den Griff bekommen.

Haben Sie beobachtet, dass die Hunde nach einigen Wochen/Monaten im neuen Zuhause ihr Verhalten ändern?

Elke Landrock-Bill: Es ist ja ganz normal, dass die Welpen sich entwickeln. Doch dass sich das Verhalten ins Gegenteil verkehrt, habe ich noch nicht erlebt. Vielmehr konnte ich schon oft beobachten, dass sich auch der zurückhaltendste Welpe zu einem neugierigen und lebhaften Hund entwickelt hat. Doch vielleicht ist das auch rassespezifisch.

Christine Nickel: Das passiert nicht immer, kann aber in einem Zeitraum von sechs Wochen bis zu einem halben Jahr in jede Richtung vorkommen. Der Aufenthalt hinter Gittern im Tierheim kann die Hunde trotz aller Zuwendung der Mitarbeiter schnell traumatisieren. Das entwickelt sich in der neuen Familie dank der Fürsorge und Ruhe in der Regel schon bald positiv.

Helge Wenger: Grundcharakter und Grundeigenschaften eines Hundes bleiben, ansonsten habe ich da keine Regel festgestellt. Man kann aber sagen „andere Hand, anderer Hund". Natürlich passt ein Hund sich an, je mehr er sich eingewöhnt. Nach zwei Jahren weiß man, was man für einen Hund hat. Doch nicht nur der Hund ändert sich, auch das Management des Menschen – er passt sich an.

Welches Verhalten führt am häufigsten zur Abgabe eines Hundes?

Elke Landrock-Bill: Seit ich züchte habe ich drei Hunde zurückgenommen bzw. bei der Weitervermittlung geholfen. In allen Fällen handelte es sich um Probleme mit anderen Hunden des Haushaltes. Grund war immer die Passung – in einem Fall mit dem vorhandenen Hund, im anderen Fall mit den Menschen, die es nicht regeln konnten.

Christine Nickel: Am häufigsten werden Hunde bei uns abgegeben, weil sie Aggression gegen Menschen gezeigt haben. Dabei spielt es für die vorherigen Halter in der Regel keine Rolle, ob die Situation durch Verhaltensfehler

Islandhunde-Züchterin Elke Landrock-Bill mit einem Islandhund-Welpen

des Menschen verursacht wurde. Wenn es z. B. zu einem Konflikt kam, weil der Hund am Futternapf und die Kinder allein gelassen wurden oder ein Hund in die Enge gedrängt wurde. Das Fehlverhalten wird immer dem Hund zugeschrieben. Häufige Abgabegründe sind auch, dass ein Hund nicht alleine bleiben kann oder sich die Lebensumstände ändern. Grundsätzlich informieren sich viel zu wenig Menschen über das rassetypische Verhalten von Hunden und kommen dann nicht damit klar, wenn z. B. ein Jagdhund nicht von der Leine darf, ein Hütehund die Familie zusammentreibt oder ein Herdenschutzhund das Haus bewacht. Es ist extrem wichtig, sich vor der Anschaffung eines Hundes über rassetypische Eigenschaften zu informieren.

Helge Wenger: Beißen, egal ob Menschen, andere Hunde oder Tiere sowie Unverträglichkeit.

DIE INTERVIEWPARTNER

Nordische Hunde waren schon immer die Leidenschaft von Elke Landrock-Bill, denn so richtig angefangen hat alles mit Schlittenhunden. Die Arbeit mit diesen speziellen Vierbeinern bereitete ihr genauso viel Freude wie das Engagement im Hundeverein. Es folgte die eigene Hundeschule, wo sie sich in die Rasse Islandhund verliebte. Vor acht Jahren wurde ihre Hundezucht ins Leben gerufen (www.islandhunde-hessen.de). Sie sieht in der Zucht dieser Rasse eine verantwortungsvolle Aufgabe zur Bewahrung eines alten europäischen Kulturgutes und hat ein viel beachtetes Buch über die Rasse geschrieben.

Die Rechtsanwältin Christine Nickel ist seit 20 Jahren Vorsitzende des Tierschutzvereins Dillenburg und Umgebung e. V. Sie leitet u. a. das vom Verein in privater Trägerschaft geführte Tierheim in Dillenburg (www.tierheim-Dillenburg.de). Ihre eigenen Hunde – Podencomischling Samy und Rauhaardackel Pauli – sind beide aus dem Tierschutz und leisten ihr täglich im Büro Gesellschaft.

Die Vorsitzende der Windhundhilfe, Helge Wenger.

Helge Wenger ist mit Afghanen und Salukis in der Familie großgeworden. Schon früh nahm sie Rescue-Windhunde bei sich auf und engagierte sich im Tierschutz. Seit 14 Jahren 1. Vorsitzende der Initiative Windhundhilfe e. V. (iWi, www.windhundhilfe.de). Der Verein kümmert sich bundesweit um Windhunde und Windhundmischlinge, die ein neues Zuhause suchen, z. B. weil sie im Tierheim sind, von ihrem Besitzer aus verschiedensten Gründen nicht mehr gehalten werden können oder dem Züchter zurückgegeben wurden. Die Windhundhilfe arbeitet mit Pflegestellen, bereitet die Hunde bestmöglich auf die Anforderungen des Alltags vor und steht den neuen Haltern auch nach der Abgabe mit Rat zur Seite.

ERWACHSEN WERDEN

Hundekinder wachsen rasend schnell. Eben noch der tapsige Welpe, rennt der Hund jetzt schon als Powerpaket über die Wiese. Die emotionale Reife geht nicht immer einher mit der körperlichen. Erwachsen zu werden ist eine Achterbahn der Gefühle, auch für Hunde.

CHAOS IM KOPF

Eine weitere Phase, in der junge Hunde sensibel auf Reize und Erfahrungen reagieren, setzt im Alter meist zwischen sechs bis 18 Monaten ein. Denn durch die erste Läufigkeit

Freche Göre: Junge Hunde können anstrengend sein.

der Hündin oder das Markieren (Beinheben beim Urinieren) des Rüden kündigt sich die körperliche Geschlechtsreife an. Große Hunde sind auch in diesem Punkt eher Spätentwickler, kleine Hunde sind nicht selten frühreif, Zwergdackel Paul streckte sogar schon mit fünf Monaten eifrig ein Hinterbeinchen in die Höhe. Und für Sie bedeutet das: Herzlichen Glückwunsch, Ihr vierbeiniger Teenager ist in der Pubertät.

Was passiert? Das Gehirn wird umgebaut und für das Erwachsensein optimiert. Deswegen werden Bereiche neu sortiert und es findet eine Verschiebung von der emotionalen Seite zugunsten der rationalen statt. Denn mit dem Einsetzen der Geschlechtsreife beginnt für ein Individuum die Phase im Leben, wo es Verantwortung zeigen, Entscheidungen treffen und abwägen muss. Aus dem Kind wird ein Erwachsener. Dies ist ein Prozess, der eigentlich „Adoleszenz" heißt: der Zeitraum vom Einsetzen der körperlichen Geschlechtsreife (Pubertät) bis zum Erlangen der mentalen Reife, des Erwachsenseins.

In dieser Phase herrscht wie bei Teenagern üblich ein emotionales Chaos, das sich in unvorhersehbarem Verhalten, völlig überzogenen Reaktionen, Unsicherheit und Stimmungsschwankungen äußern kann. Sie testen Grenzen aus, provozieren und bewerten ihr Umfeld neu. Rüden werden vermehrt zu

Auf dem Weg vom Welpen zum erwachsenen Hund wird das Gehirn neu programmiert.

Rüpeln und wollen sich mit anderen messen. Hündinnen mutieren während der Läufigkeit nicht selten zu Zicken oder leidenden Melancholikerinnen.

War Ihr junger Hund eben noch ein Vorzeigeschüler, nimmt sein Verhalten nun mitunter rebellische Züge an: Erlerntes ist scheinbar vergessen, Regeln gelten seiner Ansicht nach nicht mehr und die Ohren sind sowieso auf Durchzug gestellt. Nehmen Sie das nicht persönlich – so sind Halbstarke, Zicken und Melancholikerinnen eben. Trösten Sie sich damit: Das geht vorbei. Doch Ihr Hund braucht nun ganz besonders Ihre liebevolle, geduldige, konsequente und vorbildliche Führung. Das gibt ihm Sicherheit und weist ihm den Weg. Bremsen Sie freches, rüpelhaftes oder zickiges Verhalten bzw. fangen Sie das Sensibelchen auf.

DAS PUBERTÄTSLOCH

Susanne: „Malu, meine jüngste Hündin ist jetzt 17 Monate alt und so richtig in der Pubertät. Mit neun Monaten kam sie zu mir, mit 14 Monaten wurde sie recht spät das erste Mal läufig. Bei ihr überwiegt der A-Typ: Sie ist neugierig, wagemutig, immer vorne dabei, feiert gerne wilde Partys und sagt auch mal: ‚Nee, jetzt gerade nicht!' Zusätzlich gibt ihr die Mädelstruppe hier natürlich Sicherheit und Stabilität, mit ihnen im Rücken riskiert sie schon mal eine große Klappe.

Bisher war es unspektakulär, sie mitzunehmen, ob in die Stadt, ins Einkaufszentrum, ins Restaurant usw. Obwohl sie das vorher nicht kannte, war sie immer ziemlich cool und gelassen. Doch nach ihrer Läufigkeit waren die an einem Spazierweg stehenden großen rustikalen Holzbänke so unglaublich gruselig für sie, dass sie laut Alarm gegeben hat. Kurz darauf im Einkaufszentrum stand die sonst völlig unbeeindruckte Hündin schlotternd neben mir. Ganz spannend hierbei finde ich, dass solche Unsicherheiten häufig nur einzelne Bereiche betreffen. In unserem Fall waren das schon ganz zu Anfang optische Reize, hingegen waren Geräusche, unbekannte Bodenbeschaffenheit etc. nie ein Problem.

Ganz anders bei Biani, einer 15 Monate alten, feinsinnigen Pudelhündin aus einer wirklich guten Zucht, die ich seit einiger Zeit im Training betreue. Vor ein paar Wochen, zwischen der ersten und zweiten Läufigkeit, kam schleichend ein schließlich massives Problem: Biani ging nicht mehr über glatte Böden, stattdessen lag sie mit breiten Beinen reglos und vor lauter Stress hechelnd und heftig speichelnd am Boden. Vorher lief sie ganz selbstverständlich und ohne dabei nachzudenken, über jeden glatten Boden.

Als das begann, haben ihre Halter das zunächst gar nicht so wahrgenommen. Damit hat sich das Verhalten Stück für Stück gesteigert und schließlich etabliert (gefestigt). Erst dann kam sie zu mir ins Training. Wir haben einen Boden gefunden, der zwar gruselig für Biani ist, doch auf dem sie sich robbend etwas bewegt. Damit beginnen wir nun zu arbeiten und werden uns langsam zu den ganz glatten Böden steigern. Jetzt heißt es: Fleißig dranbleiben und immer wieder den Punkt finden, den sie so aushält, dass sie noch etwas lernen kann. Dabei ist es wichtig, ihr Rückhalt zu geben und ihren Mut zu belohnen. Erfolge sind hier ganz wichtig, Stück für Stück in kleinen Schritten. Zu solchen extremen Reaktionen kann es immer wieder einmal kommen. Auch wenn die Hunde scheinbar schon aus den Kinderschuhen herausgewachsen sind. Wenn ein Hund in der Pubertät mal kurz „ins Loch rutscht', weil das Gehirn gerade wegen Überfüllung geschlossen ist – also viel mentale Entwicklung passiert – sind es häufig die Dinge, die vermeintlich längst überwunden waren und nun wie ein Bumerang zurückkommen. Aber mit Ruhe und Sicherheit kommt man gut durch diese Täler hindurch. Malu ist übrigens im Moment mit Hunden unfassbar frech und sucht ihre Grenzen. Beim kleinsten Veto von mir oder ihrem Artgenossen ist sie dann aber zutiefst beeindruckt. Es bleibt spannend, aber ich bin mir sicher: Sie wird einfach großartig, sobald alle Baustellen abgeschlossen sind!

Ist der Hund in der Pubertät, muss alles, was er bisher erlebt hat, erneut bestätigt werden: Kontakte mit Artgenossen, verschiedenen Menschen und Tieren und das Erleben unterschiedlicher Umweltreize, damit er das alles dauerhaft in seinen Erfahrungsschatz integrieren und die erlernten Strategien in sein Verhaltensrepertoire einbauen kann."

BALD ERWACHSEN

Und spätestens damit dürfte klar sein: Die Sozialisation endet nicht mit dem Ende der Welpenschule und nur, weil ein Hund geschlechtsreif ist, ist er noch lange nicht erwachen. Eine Hündin bekommt mit jeder Läufigkeit einen richtigen Schub Richtung Erwachsensein und ein Rüde wird sichtbar ernsthafter. Vielleicht spielt Ihr Hund auch jetzt nicht mehr so viel oder mit fortschreitendem Alter weniger. Doch keine Sorge, nicht nur wild tobende Hunde sind glücklich, es ist ganz normal, dass sie sich im Zuge des Erwachsenwerdens zunehmend vernünftiger und früher oder später auch gesetzter zeigen. Besonders bei Hunden mit Schutzverhalten tritt die Ernsthaftigkeit immer deutlicher hervor, denn sie übernehmen zunehmend Verantwortung, ob das von ihnen verlangt wird oder nicht. Dazu gehört es auch, dass vermehrt das eigene Territorium bewacht wird (siehe Seite 33). Nach und nach wird aus dem einst tollpatschigen und stets verspielten Welpen ein vielleicht sehr ernsthafter Hund, der das Abzeichen „Security" gewissenhaft trägt und das Haus bewacht.

Herdenschutzhunde, wie dieser junge Pyrenäen-Berghund, sind Spätentwickler, sie werden spät erwachsen.

Lernen Sie weiter mit Ihrem Hund und zeigen Sie ihm, wo sein Platz und seine Aufgaben in Ihrer Familie sind, damit er sich zu einer stabilen, entspannten, offenen und selbstbewussten Persönlichkeit entwickeln kann. Kleine Hunde können schon mit 1,5 Jahren erwachsen sein, Hunde sehr großer Rassen oder solcher, die zu den Spätentwicklern zählen, erst mit drei oder vier Jahren. Hündinnen gelten als mental erwachsen, wenn sie die dritte Läufigkeit hinter sich haben.

Wird ein Hund kastriert, bevor er erwachsen ist, endet seine Reifeentwicklung an diesem Punkt. Er bleibt kindlicher und kann nicht zu der Persönlichkeit heranwachsen, die er eigentlich hätte werden können.

LÄUFIGKEIT UND SCHEINMUTTERSCHAFT

Die Hormonumstellung während Läufigkeit und Scheinmutterschaft geht der Hündin aufs Gemüt: Von extremer Reizbarkeit mit gesteigerter Aggressionsbereitschaft bis hin zu depressivem Verhalten ist alles drin, das kann kaum merklich oder heftig ausgeprägt sein. Viele Hündinnen suchen dann vermehrt Zuwendung, wollen nur noch kuscheln und wirken richtig leidend. Leben mehrere Hündinnen im Haushalt, steigt die Gefahr von Spannungen und Auseinandersetzungen. Sichtbar wird die Läufigkeit (Hitze) durch geschwollene Schamlippen und blutigen

Vermehrtes Interesse von Rüden ist oft ein erstes Anzeichen für die bevorstehende Läufigkeit.

Scheidenausfluss (Proöstrus). Das dauert durchschnittlich acht bis zehn Tage und geht dann in den etwa fünf bis zehn Tage dauernden Östrus (Standhitze) mit hellerem Scheidenausfluss über. Während der Standhitze ist die Hündin empfängnisbereit! Die meisten Hündinnen werden zweimal im Jahr läufig, der Zyklus kann jedoch individuell verschieden sein. Einige Rassen, z. B. sehr ursprüngliche, werden nur einmal im Jahr läufig. Nach der Läufigkeit macht auch die nicht trächtige Hündin eine Scheinmutterschaft (umgangssprachlich „Scheinträchtigkeit") durch, da kann das Gefühlschaos genauso groß sein. Für den Menschen läuft das meist unbemerkt ab, doch manchmal ist es ausgeprägt: Die Hündin bildet Milch und kümmert sich vielleicht um Stofftiere oder betüdelt andere – häufig kleinere – Hunde in der Familie als Babyersatz. Zeigt Ihre Hundedame eine ausgeprägte Scheinmutterschaft, sollten Sie sie durch Spaziergänge und Beschäftigung ablenken und sich ggf. mit Ihrem Tierarzt oder Tierheilpraktiker in Verbindung setzen.

Notfall Zeigt eine Hündin Wochen nach der Läufigkeit Müdigkeit, Appetitlosigkeit und vermehrtes Trinken, vielleicht auch Fieber oder Ausfluss aus der Scheide, können das Anzeichen einer Gebärmutterentzündung bzw. einer -vereiterung (Pyometra) sein. Stellen Sie die Hündin dann möglichst schnell dem Tierarzt vor, denn das ist ein lebensbedrohlicher Notfall.

ALLTAG MIT VIERBEINER

Egal, ob Ihr Hund jünger oder älter ist: Schon bald nach dem Einzug hat der Alltag Sie wieder. Ist er ein Neuzugang, braucht er besonders viel Zuwendung, denn es gilt, sich kennenzulernen, das Miteinander gemeinsam zu erarbeiten, ihn zu erziehen, zu lenken und eine Beziehung aufzubauen. Sind Sie hingegen schon ein eingespieltes Team, ist die grobe Erziehungs- und Beziehungsarbeit hoffentlich schon zur Zufriedenheit erfolgt und Sie arbeiten nun am Feintuning und widmen sich mehr der gemeinsamen Freizeitgestaltung.

ERZIEHUNG

Verstehen Sie unter Hundeerziehung bitte nicht, Ihrem Vierbeiner „Sitz", „Platz" und Co. beizubringen. Denn mehr als das Abfragen erlernten Wissens sollte die Erziehung eine persönlichkeitsbildende Anleitung sein, die Ihrem Hund hilft, ein gutes Sozialverhalten, gesundes Selbstbewusstsein und eine für alle Seiten bereichernde Interaktion mit der Umwelt entwickeln zu können. Und wenn das erreicht ist, sind das Erlernen von „Sitz", „Platz" und Co. leichte Übungen für ihn.

Orientierung am Menschen ist das Ziel.

Unerwünschtes Verhalten soll sich nicht festigen.

PRAXISTIPPS ZUR ERZIEHUNG

ZEIGT UNERWÜNSCHTES VERHALTEN 1

Ignorieren Sie es, wenn es weder Hund noch Umfeld schadet bzw. stört. Ignorieren bedeutet nicht isolieren! Ihren Hund zu ignorieren bezieht sich direkt auf ein bestimmtes Verhalten, nicht auf einen Zeitraum. Einen Hund längere Zeit zu ignorieren ist Tierquälerei.

ZEIGT UNERWÜNSCHTES VERHALTEN 2

Korrigieren Sie ihn wenn nötig schnell (zeitgleich) durch ein deutlich und grollend ausgesprochenes Abbruchsignal wie „Nein", „Pfui", „Aus", „Hey", „Na" oder „Lass es" oder ein tiefes Räuspern und einen strengen Blick. Das kennt er aus dem Verhalten der Hunde untereinander (siehe Seite 44), der Schnauzenbiss ist z. B. eine typische Maßnahme der Hundemutter zur Reglementierung ihrer Welpen. Passen Sie das Abbruchsignal und Ihre Körpersprache Ihrem Hund, der Situation und auch dem an, was Sie leisten können und was für Sie authentisch ist. Die Reaktion muss zum Charakter des Hundes passen. Tabu sind natürlich Schläge, Tritte oder andere Gewaltmaßnahmen! Damit erziehen Sie Ihren Hund nicht, sondern zerstören das Vertrauen, das er in Sie hat. Außerdem führt das zu keinem sinnvollen Ergebnis.

REAGIERT SEHR SENSIBEL

Sensible Hunde lassen schon beim scharf ausgesprochenen „Lass es" die Ohren hängen und trollen sich, bei diesen reichen verbale Maßnahmen zur Korrektur meistens aus.

ZEIGT SICH BEI KORREKTUR UNBEEINDRUCKT

Kernige Hunde benötigen eine stärkere Reaktion, damit sie überhaupt davon beeindruckt sind, z. B. ein Anrempeln, Zwicken oder In-die-Haare-Fassen.

ZEIGT ERWÜNSCHTES VERHALTEN

Bestätigen Sie sein Verhalten mit Lob, Streicheln oder Spiel, der Überlassung eines Spielzeugs oder einer Futterbelohnung. Damit Ihr Hund sein Verhalten mit Ihrer Reaktion in Verbindung bringt, müssen Lob und Belohnung sofort folgen. Eine später erfolgte Belohnung genau wie nachträgliche Korrektur wird der Hund nicht mehr wie beabsichtigt verknüpfen. Üben Sie mit ihm z. B. „Platz", müssen Sie ihn belohnen, während er noch am Boden liegt. Belohnen Sie ihn erst beim Aufstehen, verknüpft er die Belohnung damit.

DREHT SCHNELL AUF

Ist ein Hund schnell aufgeregt oder überdreht, sollte das Lob dosiert und eher ruhig gegeben werden, damit der Hund bis zum Ende des Trainings aufnahmefähig bleibt.

ZEIGT SICH EHER VERUNSICHERT

Schüchterne oder unsichere Hunde brauchen begeistertes Lob, um ihr Selbstvertrauen zu stärken. Tipp: Kleine Erfolge lassen introvertierte Hunde mental wachsen. Schaffen Sie solche Erlebnisse, oft reicht es schon aus, wenn Ihr Hund sich traut, auf einen Baumstamm zu klettern oder den Futterdummy zu finden. Nach und nach wächst dann der Mut.

IST UNKONZENTRIERT

Besser als einmal wöchentlich die große Trainingsstunde sind viele kleine, sich aus dem Alltag ergebende Übungen. Sie gehen spazieren und da kommt ein Reiter auf seinem Pferd, ein Auto fährt vorbei oder Sie treffen Spaziergänger? Hervorragend! Lenken Sie die Konzentration des Hundes von der Ablenkung auf sich und üben Sie mit ihm, sich neutral zu verhalten, ruhig bei Autos zu bleiben und entspannt Spaziergänger und Pferd vorbeiziehen zu lassen.
Variantenreiches, abwechslungsreiches Üben ohne feste Strukturen ist authentischer und interessanter, der Hund macht eher mit und der Lernerfolg ist von längerer Dauer.

DIE ALLTAGSFALLE

Der Hund ist erwachsen, er und sein Mensch haben eine wirklich gute Beziehung, verstehen sich und leben ihre Routine. Für seinen Menschen „funktioniert" der Hund – wenn vielleicht nicht immer perfekt – ausreichend. In diesem Dahinplätschern des Alltags wird der Mensch leicht nachlässig, besonders dann, wenn Beruf, Familie und Haushalt die Aufmerksamkeit abziehen. Es bleibt immer weniger Zeit, sich mit dem Hund zu beschäftigen. Unerwünschtes Verhalten, das früher konsequent unterbunden wurde, wird nun gelegentlich übersehen. Aus einer kleinen Ausnahme wird eine große und dann werden es viele. All das unbemerkt und schleichend, bis das Verhalten des Hundes zuerst nervt und unangenehm auffällt und schließlich zum Problem wird.

Nehmen Sie sich jeden Monat oder jedes Vierteljahr mal einen Moment, um über Ihren Hund, sein Verhalten und Ihre Beziehung nachzudenken. Gibt es Knackpunkte, die mehr Aufmerksamkeit verdienen?

Fragen Sie sich z.B.:

— Ist der Radius Ihres Hundes beim Spaziergang größer als sonst?
— Lässt er sich mehr Zeit, Ihrem Rückruf zu folgen?
— Ignoriert er häufiger Ihre Signale?
— Ist er selbstständiger?
— Zieht er vermehrt an der Leine?
— Gibt es sonst ein Verhalten, das Sie zunehmend stört?
— Findet Beschäftigung – also ausreichend körperliche und geistige Auslastung statt?

Lassen Sie es nicht so weit kommen, dass durch Nachlässigkeit oder Zeitmangel Probleme entstehen. Steuern Sie rechtzeitig entgegen, so halten Sie den Aufwand minimal und den Nutzen für Sie und Ihren Hund optimal. Susanne: „Ist das Haupttraining mit meinen Kunden abgeschlossen, schließen wir nach einer Weile immer noch eine einzelne Trainingsstunde an. Da schaue ich noch einmal drüber, wie Hund und Mensch das so machen, gebe Feedback und wenn nötig kann leicht korrigiert werden. Wird das in regelmäßigen Abständen wiederholt, schleicht sich kein Fehlverhalten ein bzw. setzt sich erst gar nicht fest."

IN DER HUNDESCHULE

Im Hundetraining wird unterschieden zwischen Einzel- und Gruppentraining. Alles Individuelle, vom Start in den Alltag mit Hund bis hin zu Besonderheiten im Lebensumfeld, wird sinnvollerweise zunächst im Einzeltraining beleuchtet. Hier widmet sich der Trainer ausschließlich einem Mensch-Hund-Team. Im Gruppentraining wird die Aufmerksamkeit des Trainers mit anderen Teams geteilt, im Idealfall drei oder maximal vier. Es ist super für verschiedene Events, wie den Besuch in der Stadt, im Zoo oder im Eiscafé bzw. andere Ausflüge, verschiedene Formen der Beschäftigung, z. B. Apportieren, Agility etc., und für fortgeschrittenes Üben unter Ablenkung.

Wird der Mensch im Alltag nachlässig, kann sich leicht Fehlverhalten einschleichen.

Ein guter Hundetrainer hat möglichst umfangreiche Erfahrungen mit verschiedensten Hunderassen, Hunden aus dem Tierschutz und Trainingstechniken. Zunächst macht er sich einen Eindruck vom Hund, dazu befragt er die Halter und erlebt den Vierbeiner in seinem Zuhause, auf üblichen Spaziergehrunden und im fremden Terrain.

Jeder Trainer findet im Lauf der Jahre seinen eigenen Stil, sollte aber trotzdem flexibel und individuell auf seine Trainingshunde und deren Menschen reagieren können. Dazu gehört es auch, vielleicht einmal einen Trainingsansatz zu ändern und sich neuen Gegebenheiten anzupassen. Denn nicht nur der Hund verändert sich im Trainingsverlauf, sehr viel stärker noch sein Mensch. Und manche Trainingsideen funktionieren vielleicht mit dieser Mensch-Hund-Kombination nicht wie gewünscht oder der Mensch kann sie nicht entsprechend umsetzen. Dann ist eine andere Vorgehensweise absolut sinnvoll.

Susanne: „Viele Hunde benehmen sich beim Trainer so vorbildlich wie sonst nicht und der Trainer hinterlässt einen bleibenden Eindruck. Bei mir scheinen manche meiner Schüler sogar nach Jahren noch zu ‚salutieren‘. Das hat verschiedene Gründe: Die Hunde bemerken sofort die besondere Position des Trainers, denn ihm hören alle genau zu, handeln entsprechend und sind sehr konzentriert. Der Trainer tritt selbstbewusst auf. Für ihn ist eine Trainingssituation ja tägliche Routine, er handelt sicher und authentisch und ist von seiner Vorgehensweise überzeugt. Im Training hat er deshalb ein sehr gutes Timing, ist immer auf dem Punkt und scheinbar ohne Schwäche. Das beeindruckt die Trainingshunde sehr! Denn ihre eigenen Menschen erleben Hunde auch dann, wenn diese unsicher, gestresst oder inkonsequent und nachgiebig sind – sie kennen deren Stärken und Schwächen, eben den ganzen Menschen und nicht nur den Teil, den er zeigen möchte. So ist es für den Trainer leichter, Eindruck zu machen und Führungsqualitäten zu vermitteln. Die eigenen Hunde des Trainers können jedoch ebenfalls hinter die Kulissen schauen und stehen deshalb nicht immer so stramm wie die Trainingshunde. Hunde wollen einen Menschen, der einen Plan von dem hat, was er tut."

WAS HÄNSCHEN NICHT LERNT ...

... kann Hans immer noch lernen, zumindest in den meisten Fällen. Doch der Lerneifer und die Aufnahmefähigkeit eines Hundes sind eben besonders groß, wenn er noch jung ist. Lernt er dann die Regeln eines guten und rücksichtsvollen Verhaltens mit Artgenossen, ist das die perfekte Basis für später. Und genau dafür sind die Welpen- und Junghund-

In der Hundeschule lernen die Vierbeiner gemeinsam.

Entspanntes, neutrales Verhalten mit Artgenossen ist ein wichtiges Ziel bei der Erziehung des Hundes.

kurse in einer guten Hundeschule der richtige Ort, denn sowohl Hund als auch Mensch können sehr davon profitieren.

Damit das gewünschte Verhalten gefördert wird, müssen Welpenstunden gut moderiert werden. Jeder anwesende Trainer sollte sechs bis maximal acht Welpen beaufsichtigen und einschreiten, wenn es angebracht ist. Denn unsoziales Verhalten erwachsener Hunde hat seine Ursache nicht selten in einem schlecht geführten Welpenspiel: Wenn ein Trainer die Welpen nur wild toben lässt und das Zusammensein nicht moderiert, bietet das den perfekten Nährboden für Raufer, Pöbler und Angstbeißer.

Heike: „Kaja ist ein liebenswerter, wirklich kleiner Rauhaardackel. Doch sieht sie andere Hunde, wird sie zur Schnappschildkröte. Das hat sie seit dem Welpenspiel, wo sie Punchingball gleichaltriger Riesenschnauzer und Labradore war und der Trainer immer gerade dann nicht hinschaute, wenn sie Schutz gebraucht hätte. Denn Frauchen wurde angewiesen, nicht einzugreifen und das dem Trainer zu

überlassen. Um sich die großen Artgenossen vom Leib zu halten, entwickelte Kaja die Schnappschildkrötenstrategie. Übrigens hatte Frauchen damals kein gutes Gefühl, ihren Welpen sich selbst zu überlassen, traute sich aber nicht, auf ihr Bauchgefühl zu hören und gegen die Anweisung des Trainers zu handeln. Im Umgang mit Hunden ist es für den Menschen wichtig, zu lernen, dem Bauchgefühl wieder zu vertrauen."

WEHRET DEN ANFÄNGEN!

Welpen größerer Rassen haben oft Spaß daran, die kleineren umzurennen, weil sie sich dadurch stark fühlen und keinerlei Konsequenzen drohen. Wird kein Einhalt geboten, beginnt damit als Selbstläufer die Entwicklung zum Rüpel oder sogar zum Schrecken der Hundewiese.

Ein schlechtes Welpenspiel hat oft fatalere Folgen als gar kein Welpenspiel. Wenn die Hunde „alles unter sich ausmachen", eine sehr große Altersspanne zusammen auf dem Platz ist und Welpen ungebremst in den Boden gemäht werden, während sich andere wie die Platzhirsche aufführen – dann sollten Sie sich andere Anbieter anschauen. Und wenn Sie keine finden: Muten Sie Ihrem Welpen bitte kein schlechtes Welpenspiel zu, nur weil es kein gutes in erreichbarer Nähe gibt. Die Alternative sind dann Einzelstunden mit einem guten Hundetrainer in belebten Gegenden. Heike: „Leni hätte von einem guten Welpenspiel profitiert: Bei der temperamentvollen Hündin wurde es versäumt, Verhalten mit Artgenossen zu üben. Als sie mit vier Jahren in ein neues Heim zog, hatte das neue Frauchen große Mühe, die 35-Kilo-Lady zu händeln. Ich mag Leni sehr, doch schon für gleich große Hunde können ihre Bodychecks zur Freundschaftsprobe werden, für kleine Hunde ist ihre Power in Kombination mit ihrer Masse gefährlich." Zum Glück sieht ihr Frauchen das auch so und handelt entsprechend.

Im Spiel mit Gleichaltrigen fördern Welpen ihre Motorik und lernen, ihre Kräfte dosiert einzusetzen.

UMGANG MIT DEN EIGENEN KRÄFTEN

Susanne: „Werden sehr körperbetonte Hunde nicht rechtzeitig gebremst, können sie regelrecht zur Dampfwalze werden. Das angeborene Verhalten gibt die Tendenz vor und der Mensch die Richtung. Natürlich sollte der Mensch so viel wie möglich positiv und mit Bestärkung arbeiten. Doch wenn nötig, muss auch ausgebremst werden. Und zwar gleich am Anfang, bei den ersten Versuchen: schnell, zielsicher und deutlich.

Werden Hunde nicht jung gebremst, ist das später viel schwerer und manchmal auch unmöglich: Der Halter hat vielleicht die ersten neun Monate, danach wird es schwierig. Denn mit zunehmendem Selbstbewusstsein, Größe und Gewicht des Hundes muss die Bremse viel deutlicher sein. Nicht jeder Hundehalter kann oder will das umsetzen, und auch für den Hundetrainer wird es immer schwieriger. Und wer sollte dann der tierische Übungspartner sein? Sie werden wohl kaum dem kleinen Nachbarshund zumuten, Versuchsobjekt zu spielen. Ist der Trainer oder Halter nicht schnell genug, wird der Kleine von einer 35-Kilo-Dampfwalze umgerannt."

Heike: „Das kann aber auch ganz anders aussehen, wie bei Susannes Jette. Von Anfang an im richtigen Moment gebremst, ist sie für mich der Vorzeigelabrador. Ich schaue mir immer fremde Hunde sehr genau an und lasse nicht jeden zu meinem Zwergdackelsenior, denn viele sind einfach zu grob. Ein durchaus freundlich gemeinter Schlag mit der Pfote auf seinen Rücken und schon ist der Dackel kaputt. Das brauchen weder er noch ich. Doch Jette konnte ich bereits vertrauen, als sie erst sechs Monate alt war, und sie ohne Bedenken zu Paul lassen."

GRUNDSTEINLEGUNG

Ziel der Welpenschule bzw. des Welpenspiels ist die Sozialisation mit Artgenossen. Im Spiel unter gleichaltrigen lernen die Jüngsten fürs Leben, probieren sich aus, messen ihre Kräfte und lernen mit Konflikten und Frust untereinander umzugehen.

Es ist ein Trugschluss zu glauben, in der Welpenschule würde auch den kompletten Grundgehorsam nebenbei mit abgehandelt. Denn manchmal denken Hundehalter, jetzt würde alles Erforderliche abgearbeitet: zehn Trainingsstunden in zehn Wochen, dann ist alles erledigt. Einen Welpen großzuziehen und eine gute Sozialisation und Alltagstauglich-

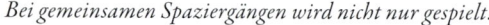

Bei gemeinsamen Spaziergängen wird nicht nur gespielt.

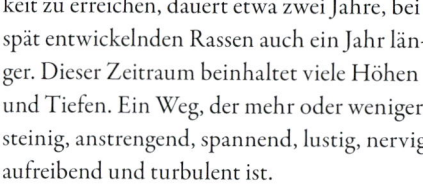

keit zu erreichen, dauert etwa zwei Jahre, bei spät entwickelnden Rassen auch ein Jahr länger. Dieser Zeitraum beinhaltet viele Höhen und Tiefen. Ein Weg, der mehr oder weniger steinig, anstrengend, spannend, lustig, nervig, aufreibend und turbulent ist.

SPAZIERGANG

Hunde ruhen die meisten Stunden des Tages. Trotzdem sind die Spaziergänge wichtig und für ein ausgeglichenes Verhalten unerlässlich. Jeder Hund sollte die Möglichkeit haben, Freilauf zu genießen, Artgenossen zu treffen, zu toben und sich auszupowern. Leider ist das nicht bei jedem möglich. Manche Hunde dürfen verhaltensbedingt nie von der Leine, z. B. weil sie jagdlich sehr ambitioniert sind. Andere müssen zeitweise an der Leine geführt werden, weil der Hund vielleicht wegen einer Verletzung geschont werden muss oder die Hündin läufig ist. Meist gibt es einen guten

Grund, warum ein Hund nicht abgeleint werden darf, auch wenn er nicht immer ersichtlich ist. Eine Schleppleine bietet dann etwas mehr Bewegungsspielraum, die noch bessere Alternative ist ein sicher eingezäuntes und großes Grundstück, wo die Hunde mit vertrauten Artgenossen toben können.

FREILAUF

Für uns ist Freilauf für unsere Hunde immer das große Ziel und hoch gesteckt, wenn es um Dackel und Windhunde geht. Mit Labrador Jette kann Susanne entspannter sein, denn ihre jagdliche Motivation ist viel gemäßigter und sie orientiert sich sehr stark am Menschen. Egal, welche Rasse: Nichts toppt den Anblick, wenn der Hund mit einem breiten Lachen im Gesicht und fliegenden Ohren über eine Wiese rennt. Sosehr wir diese Momente auch genießen, wandert der Blick zwischendurch immer wieder in die Umgebung, um frühzeitig erste Anzeichen von Reh, Hase oder Kaninchen oder anderen Verlockungen zu sehen – mög-

Echtes Hundeglück: Zusammen durch die Wiesen streifen.

Ohne zuverlässigen Rückruf kein Freilauf.

lichst vor dem Hund. Dazu wird der Hund beobachtet: Spitzt er die Ohren? Hebt er die Nase bzw. folgt er einer Fährte? Wirkt er erregt? All diese Alarmzeichen versetzen in Bereitschaft für den Rückruf. Nur wer seinen Hund kennt, weiß, wann sein Verhalten den kritischen Moment anzeigt. Und die Kunst ist es, den Hund möglichst vorher anzusprechen, damit er noch erreichbar ist und nicht in den Bann der potenziellen Beute gerät. Denn dann kann es für einen Rückruf schon zu spät sein.

Wenn eine von uns wieder einen erwachsenen Windhund übernommen hat, ist es immer spannend, herauszufinden, wie ausgeprägt die jagdliche Motivation ist. Dass ein Windhund – wie die meisten anderen Vierbeiner auch – einem vor ihm aufspringenden Hasen nachgehen will, ist klar. Doch wie schnell ist er nach so einem Erlebnis wieder ansprechbar? Wie verhält er sich das nächste Mal an dieser Stelle. Sucht er gezielt nach Wild? Eine Einschätzung kann erst gegeben werden,

wenn es passiert und der Hund in Aktion erlebt wird. Dann ist er hoffentlich durch eine Schleppleine gesichert und der Mensch reagiert schnell genug, um sie zu halten.

RÜCKRUF UND ANLEINEN

Das A und O ist ein guter Rückruf, daran muss auch im Erwachsenenalter immer wieder gefeilt werden. Seinen Hund ohne zuverlässiges Kommen auf Rückruf frei laufen zu lassen, ist nicht nur fahrlässig, sondern gefährlich! Eine hundertprozentige Garantie, dass ein Hund auf Rückruf kommt, wird es zwar nie geben. Doch das Nichtkommen des Hundes darf nicht die Regel und schulterzuckend akzeptiert sein. Wir erleben es leider immer wieder, dass Hundehalter erst gar nicht mehr rufen, weil sie wissen, dass das Ihren Hund sowieso nicht interessiert. Üben Sie von Anfang an, dass Ihr Vierbeiner freudig und schnell zu Ihnen kommt. Bis das klappt, wird der Hund beim Spaziergang am besten an der 5- oder 10-m-Schleppleine geführt.

PRAXISTIPPS

IGNORIERT MEINEN RUF

Unbedingt: Führen Sie ihn an der Schleppleine und setzen Sie den Rückruf durch, damit Sie immer die Kontrolle haben. Ihr Hund
soll nicht lernen, dass er Erfolg damit hat.
Beschäftigen Sie sich während des Spaziergangs
mit ihm und machen Sie sich interessant.
Verstecken Sie Leckerchen, nehmen Sie ein
begehrtes Spielzeug mit, üben Sie z. B. Nasen-
oder Dummyarbeit.
Gehen Sie in die andere Richtung, der Hund
soll sich an Ihnen orientieren.

HAT EINEN ZUNEHMEND GRÖSSEREN RADIUS

Rufen Sie Ihren Hund nur, wenn er in großer
Entfernung ist? Ein gut eingeübter Rückruf ist
für einen Hund wie das Versprechen für Aufmerksamkeit oder Belohnung. Rufen Sie ihn
nur, wenn er weit weg ist, entfernen schlaue
Hunde sich immer weiter, nur, damit sie gerufen werden. Rufen Sie ihn künftig zwischendurch auch dann, wenn er sich näher bzw.
dicht bei Ihnen aufhält. Belohnen Sie vor allem, dass er Ihre Nähe sucht, und nicht, dass
er sich entfernt.
Oder zählen Sie zu der Spezies Hundehalter,
die zufälligerweise mit ihrem Hund spazieren
geht, während sie telefoniert oder auf ihrem
Smartphone wischt? Vertreter dieser Art haben sich schlagartig vermehrt. Natürlich geht
der Hund eigene Wege, wenn der Mensch ihn
nicht beachtet. Wer mit seinem Hund unterwegs ist, muss ihn und seine Umwelt im Auge
behalten, sonst kann es richtig gefährlich werden, auch für Unbeteiligte.

TRÖDELT, WENN ER KOMMT

Feuern Sie Ihren Hund unterwegs an und
bestätigen Sie ihn so, während er läuft.
Zeigen Sie ihm, dass Sie sich wirklich freuen,
sowohl während er unterwegs ist als auch,
wenn er bei Ihnen angekommen ist. Warum
soll Ihr Vierbeiner sich beeilen, wenn es Ihnen scheinbar egal ist?
Haben Sie begehrte Leckerchen bereits parat,
wenn er bei Ihnen ankommt. Kommt er
schnell oder aus einer spannenden Ablenkung
heraus, darf es auch etwas mehr sein.

WIRD LANGSAMER, JE NÄHER ER KOMMT

Achten Sie auf Ihre Körpersprache: Wirkt
sie einladend (Körperseite zeigend, gegebenenfalls hockend, vom Hund abgewandt)
oder wirkt sie eher bedrängend (Front zeigend, sich groß machend, vorbeugend).
Vermeiden Sie es, den Hund direkt zu greifen
und ihn z. B. am Halsband festhalten zu wollen. Dieses schnelle Grabschen wirkt sehr
übergriffig auf Ihren Hund, er fühlt sich ge-
fangen. Lassen Sie ihn erst einmal im besten
Sinne bei Ihnen ankommen. Haben Sie Angst,
dass Ihr Hund sich direkt wieder aus dem
Staub macht, sollte er eine Schleppleine tragen.
Dann können Sie diese ganz beiläufig greifen,
ohne ihn zu bedrängen.
Muss Ihr Hund bei Ihnen angekommen
„SITZ" machen, bevor Sie ihn loben? Warum?
Gerade zu Beginn des Trainings kann das kon-
traproduktiv sein, denn Sie belohnen ihn für
das SITZ und nicht für das Kommen. Die
Folge: Er verknüpft nicht richtig. Belohnen
Sie das Verhalten, das Ihnen wichtig ist. Ge-
nau in dem Moment, wenn es passiert.

Machen Sie sich beim Spaziergang interessant für Ihren Hund und überlassen Sie ihn nicht sich selbst.

Vielleicht befürchtet Ihr Hund, dass der Spaß zu Ende ist, wenn Sie ihn anleinen? Dem können Sie vorbeugen, indem Ihr Hund einen kleinen Keks fürs Anleinen bekommt und Sie auch immer mal wieder mit ihm spielen, während er an der Leine läuft.

SCHAUT SICH IMMER UM, BEVOR ER KOMMT

Überlegen Sie, ob Sie Ihren Hund nur rufen, wenn es einen Grund dafür gibt, z. B. andere Hunde, Radfahrer oder Wild? Ihr Hund hat ganz schnell spitz, dass was im Busch ist, wenn Sie die Leine zücken. Rufen Sie ihn auch zwischendurch ohne Anlass heran und lassen Sie ihn dann wieder frei laufen.

MACHT AUS DEM ANLEINEN EIN FANG-MICH-DOCH-SPIEL

Das Spiel ist lustig und macht Ihrem Hund Spaß. Und Sie machen mit. 1:0 für Ihren Hund. So spaßig das auch ist, er muss sich zügig anleinen lassen, das kann eines Tages sein Leben retten. Bis er das kann, gehört er an die Schleppleine.

Oft reicht schon eine 5-m-Schleppleine aus, die nachgezogen wird. Konzentrieren Sie sich beim Herankommen auf die Leine und greifen diese im letzten Drittel. So hört das Fang-mich-doch-Spiel recht zügig wieder auf. Dies funktioniert auch sehr gut bei den Vierbeinern, die nicht aus dem Garten zurück ins Haus kommen wollen.

113

Ungleiches Kräfteverhältnis zwischen Groß und Klein.

HUNDEBEGEGNUNG

Begegnen Hunde sich frei, klappt das in der Regel gut. Die Hunde begrüßen sich entsprechend lang nach bewährter Zeremonie, beschnuppern sich und schätzen sich ein. Das klappt, solange beide Hunde ein gutes Sozialverhalten haben, denn dann werden sie sogar im Falle eines Konflikts immer eine Lösung suchen und in der Regel auch finden, selbst wenn es zwischendurch mal laut wird. Doch sogar freundlich initiiertes Spiel kann problematisch werden, wenn das Größenverhältnis nicht stimmt, denn da kann der kleinere leicht überrollt werden. Eine Garantie für die friedliche Begegnung ohne Leine gibt es nicht. Und der Spruch: „Der will nur spielen" oder „Der tut nichts" trägt keinesfalls zur Klärung bei, sondern outet in der Regel nur den Halter, der seinen Vierbeiner nicht unter Kontrolle hat. Denn es gibt auch immer wieder Konflikte, die sogar eskalieren können, weil Hunde ganz falsch eingeschätzt werden. Susanne: „Ich bin immer wieder überrascht, wie unbedarft manche Hundehalter ihren Hund anderen entgegenlaufen lassen.

Ich bin üblicherweise mit drei, vorher sogar mit vier Hunden unterwegs. Das Problem dabei: Als einzelner und fremder Hund in eine eingespielte Hundegruppe einzudringen, kann für fremde Hunde zu unangenehmen Situationen führen. Die wenigsten Menschen realisieren, was das im schlechtesten Fall bedeuten kann – einer gegen drei oder vier … Zum Glück habe ich eine freundliche Bande, die nicht grundlos gemeinsame Sache macht. Und bei unbekannten Hunden (oder unsicheren/ängstlichen Hunden) lasse ich auch nur dosiert eine nach der anderen frei."

Halten Sie Ihren Hund bei sich, wenn Ihnen eine (unbekannte) Hundegruppe beim Spaziergang begegnet. Fragen Sie nach, ob und wie gemeinsamer Freilauf gewünscht ist.

AN DER LEINE

Und plötzlich wird der Hund zur Furie: Besonders häufig gibt es Stress, wenn Hunde bei der Begegnung angeleint sind oder einer an der Leine ist und der andere frei läuft. Warum ist das so? Verhalten, das augenscheinlich immer gleich aussieht, kann viele verschiedene Ursachen haben, hier z. B.:

Entspannt: Kurz abschätzen und entscheiden, was tun.

Die Leine kann aggressives Verhalten fördern.

— Das fängt oft schon vor dem Kontakt an. Die Menschen gehen direkt aufeinander zu und dulden, dass die Hunde sich dabei anstarren. Provokation pur statt höflicher Begrüßung.

— Die übliche Begrüßungszeremonie inklusive ausgiebigem Beschnuppern und die damit verbundene gegenseitige Einschätzung ist an kurzer Leine nur eingeschränkt oder gar nicht möglich.

— Durch den Menschen am Ende der Leine fühlt Hund sich stark und traut sich mehr.

— Der Hund fühlt sich veranlasst, seinen Menschen zu schützen.

— Durch den Menschen am Ende der Leine wird der Hund in seinem Handeln bestätigt, ob beabsichtigt oder ungewollt.

— Die Leinen verheddern sich, die Hunde haben immer weniger Spielraum oder verfangen sich in den Leinen.

— Der Hund fühlt sich durch den anderen bedrängt, kann aber nicht ausweichen.

— Ein Mensch greift in das Geschehen ein, sei es durch Zug an der Leine, hektisches Rufen, reinfassen etc. und gießt so im kritischen Moment noch Öl ins Feuer.

— Die Menschen stehen dicht beieinander. Enge schürt Konflikte, die bei Bewegung und ausreichend Raum gar nicht entstanden wären.

— Manche Hunde beschützen ihre Ressourcen, wie die Leckerchen oder das Spielzeug, das Frauchen oder Herrchen in der Jackentasche haben.

— Andere Hunde schirmen ihre Menschen ab bzw. meinen, sie beschützen zu müssen.

— Ein Hund hat schlechte Erfahrungen mit Artgenossen gemacht und nun die Strategie entwickelt, sie durch Aggression auf Abstand zu halten. Das kommt besonders häufig bei kleinen Hunden vor.

— Die Menschen überlassen es ihren Hunden, die Situation zu regeln.

— Sehr heikel: Die Menschen lassen die Leine so lang, dass die Hunde Kontakt haben.

— Manche Hundehalter versuchen, bereits bei der ersten Sichtung des Artgenossen ihren Hund zu beruhigen: „Schau mal, das ist doch nur der Fiffi." Damit lenken sie die Aufmerksamkeit aber erst recht auf den anderen Hund und geben der Situation eine noch größere Bedeutung.

— Andere Hundehalter versuchen, ihren Hund durch hektische Kommandos und Ansagen zu beruhigen. Doch damit stimmen sie nur in das Getöse ein, pushen den Hund und verschlimmern die Situation.

— Ein Hund hat vielleicht Schmerzen und versucht durch Drohen, den anderen auf Distanz zu halten.

— Eine Hündin ist vielleicht läufig und versucht, aufdringliche Rüden abzuwehren, oder ist gerade sowieso leicht reizbar.

— Ganz blöd ist es, wenn nur ein Hund an der Leine ist. Der angeleinte Hund ist vielleicht unsicher, weil er sich der Situation nicht entziehen kann. Der frei laufende Artgenosse kapiert ganz schnell, dass er durch die Leine des anderen quasi ein Sicherheitsnetz hat und so unbehelligt angeben und pöbeln kann.

TIPPS HUNDESPAZIERGANG

— Lassen Sie bei angeleinten Hunden keinen Kontakt zu. Halten Sie sich vor Ihrem Hund und schirmen Sie ihn dadurch ab. Wenn das Gegenüber es genauso macht, wird es keine Konflikte geben. Und Sie können fleißig Pluspunkte bei Ihrem Hund sammeln, denn Sie haben für Schutz gesorgt und Verantwortung gezeigt. Ihr Hund muss sich darum nicht kümmern und kann Sie machen lassen.

— Sie treffen einen Ihnen unbekannten Spaziergänger mit seinen Hunden? Holen Sie ganz selbstverständlich Ihren Hund/Ihre Hunde heran, damit Sie die Kontrolle behalten und dies auch signalisieren, ob mit oder ohne Leine. Dann können Sie sich abstimmen und entscheiden, ob Sie Kontakt der Hunde zulassen oder jeder ganz entspannt seiner Wege geht.

— Lassen Sie nur Personen Ihren Hund führen, die ihm sowohl mental als auch körperlich gewachsen sind.

— Oft wird die Leinenpöbelei bzw. die Leinenaggression der Hunde durch ihre Menschen – zumeist unbeabsichtigt –

gefördert. Vermeiden Sie, Ihrem Hund eine falsche Stimmungslage zu vermitteln. Wenn Sie ihm sagen „Ist doch alles gut", während er sich wie ein Berserker benimmt, bestätigen Sie sein Verhalten. Und wenn Sie ihn mit „Komm, lass es, der will nicht spielen" bedauern, schwingen dabei auch Ihre Enttäuschung und Ihr Frust mit, was der Hund dann spürt.

— Zeigen Sie Respekt: Holen Sie Ihren Hund ohne Kommentar zu sich heran, wenn Sie darum gebeten werden. Es ist kein persönlicher Angriff, sondern lediglich die Bitte um Rücksichtnahme. Sind Sie nicht sicher, ob Ihr Hund kommt? Dann wäre es besser, ihn auch zu seiner Sicherheit an der

Eine perfekte Begegnung mit angeleinten Hunden: Die Menschen stehen vor ihren Hunden und signalisieren so, dass sie Verantwortung übernehmen.

Leine/Schleppleine zu führen. Ist Ihr Hund größer/stärker als der andere und deswegen nicht in Gefahr, verletzt zu werden? Bitte versuchen Sie, sich in die Lage des Kleineren bzw. dessen Halters zu versetzen. Er kennt Sie und Ihren Hund nicht und weiß nicht, wie Sie beide einzuschätzen sind. Sein Verhalten beruht vermutlich auf unschönen Erlebnissen mit anderen Hunden. Interessiert sich Ihr Rüde für eine läufige Hündin? Holen Sie ihn zu sich. Hündinnen können sich kaum gegen Rüden wehren, bis sie zwei oder drei Jahre alt sind, und auch danach oft nur schwer.

— Nötigen Sie Ihr Gegenüber nicht, sich zu erklären oder zu rechtfertigen. Wenn er

seinen Hund nicht ableint, wird er schon seine Gründe dafür haben.

— Seien Sie nicht beleidigt, wenn ein Hund nicht mit Ihrem spielen darf. Auch das kann viele Gründe haben: vom ungleichen Größen-/Gewichtsverhältnis über Erkrankungen bis zur Läufigkeit. Eine Rechtfertigung sollte gar nicht erwartet werden. Die Alternative: Grüßen Sie freundlich und gehen Sie einfach weiter. Der andere ist entspannt und Sie haben sich nicht die Laune verderben lassen.

— Die Emotionen der Hundehalter kochen oft schnell hoch, wenn es um ihre Vierbeiner geht. Mit etwas mehr Verständnis oder Höflichkeit geht es viel einfacher.

Hunde in der Stadt sind wegen der vielen Begegnungen mit Artgenossen oft gut sozialisiert.

HUNDEAUSLAUF

Wir haben völlig unterschiedliche Lebensbereiche. Während Heike ein Landei ist, zählt Susanne zu den Stadtkindern. Heike geht am liebsten auf einsamen Wegen spazieren und sieht oft keine Menschenseele, vielmehr Rehe am Waldrand, den nach Mäusen jagendem Fuchs und gelegentlich einen Hasen. Susanne trifft in der Regel immer Leute mit Hunden, mal mehr, wie auf dem Gelände der ehemaligen Bundesgartenschau (BuGa) in Frankfurt; mal weniger, wenn sie ins Umland fährt. Heike: „Anlässlich eines Fototermins mit

Hunden war ein Treffpunkt auf dem BuGa-Gelände vereinbart. Das war ein Kulturschock für mich: So viele Hunde, und die meisten waren völlig friedlich miteinander." Susanne: „Dort ist ja auch genug Platz, um sich aus dem Weg zu gehen. Das ist z. B. genauso auf den Elbwiesen in Dresden. Die Hundehalter können ganz entspannt spazieren gehen, ohne bedrängt zu werden. Und dazu sind die dort lebenden Hunde in der Regel gut sozialisiert. Anders sieht das in relativ kleinen, eingezäunten Freilaufbereichen aus. Hunde in einer Gruppe, selbst dann, wenn sie gerade zusammengewürfelt wurde, machen schnell den Schwächsten auf dem Platz aus. Gemeinsam drangsalieren sie ihn dann wie die Rowdies auf dem Schulhof – das ergibt eine ganz schlechte Gruppendynamik. Wäre mein Hund erfahrungsgemäß das klassische Opfer, würde ich mit ihm nicht dorthin gehen. Und auch nicht mit einem der Platzhirsche, denn sein unsoziales Verhalten soll nicht auch noch durch Spaß belohnt werden."

Wenn mehrere Hundehalter nah beieinanderstehen und plaudern, kann diese Statik auch Konflikte schüren. Besser ist es, sich etwas zu verteilen und auf dem Gelände in Bewegung zu bleiben.

MEIN HUND – EIN RÜPEL?

Versuchen Sie bitte, Ihren Hund – besonders in der Pubertät, aber auch später – objektiv zu betrachten. Wie geht er mit anderen Hunden um? Nimmt er Rücksicht? Rennt er Artgenossen einfach um? Schließt er sich mit anderen zusammen, um Schwächere zu mobben? Kein Hundehalter gesteht sich das gerne ein, doch auch der eigene Hund kann ein Rüpel sein. Zeigt Hund entsprechende Tendenzen, sollten Sie frühzeitig gegensteuern.

Sie haben den Rüpeltest ausgefüllt und die meisten Kreuze befinden sich in den Spalten eins und zwei? Dann ist Ihr Hund ein sozialer Hund, der sich nicht mitreißen lässt, andere zu mobben, oder der sogar die Initiative dazu gibt. Finden sich jedoch mehr Kreuze in den Spalten vier und fünf, sollten Sie darauf achten, Ihren Hund mehr zu bremsen. Gegebenenfalls wäre die Unterstützung eines guten Hundetrainers angebracht.

HINTER DIE KULISSEN SCHAUEN

Was für einen Hundehalter lustig aussieht, erlebt sein Gegenüber vielleicht als gefährlich. Versuchen Sie, das Verhalten Ihres Hundes objektiv im Zusammenspiel mit Artgenossen, Menschen und der Umwelt zu sehen. Es ist kein Drama zu erkennen, dass der eigene Hund nicht perfekt ist. Doch es bietet Ihnen die Möglichkeit, Ihre Beziehung und seine Interaktion auf einer reellen Basis zu verbessern. Schulen Sie die Fähigkeit, Ihren eigenen Hund einzuschätzen sowie sein und Ihr Verhalten zu reflektieren. Und wer dazu neigt, seinen Hund durch seine Fürsorge einzuengen, kann das nun ebenfalls überdenken und vielleicht auch ändern.

☞ MACHEN SIE DEN RÜPELTEST

MEIN HUND	1	2	3	4	5	MEIN HUND
ist sein Verhalten betreffend eher einer der unscheinbaren Hunde						ist immer laut und/oder unübersehbar
stoppt, wenn er auf andere Hunde zurennt						rennt andere Hunde einfach um
ist freundlich gesellig oder bleibt eher für sich						ist Teil einer „Gang"
ist noch nie dabei aufgefallen, andere Hunde zu ärgern						spielt sich bei schwächeren Hunden oft auf

VERHALTEN IM ALTER

Ein Hund einer großen Rasse kann schon mit sechs Jahren ein Senior sein, während manch ein Zwergdackel mit zwölf Jahren vielleicht noch quietschfidel ist. Alter ist individuell, genau wie das entsprechende Verhalten. Doch ob früher oder später, es wird der Moment kommen, da es sich verändert. Dies kann langsam, schleichend und somit fast unmerklich passieren oder sehr dynamisch voranschreiten.

Es ist ihm nicht anzusehen: Dieser Husky ist 12 Jahre alt.

RUHIG UND GELASSEN

Die gesammelte Lebenserfahrung spiegelt sich auch im Verhalten des Seniors wider, ganz individuell nach seiner Persönlichkeit und seinem Erfahrungsschatz. So werden manche gelassener und bleiben nun in Momenten cool, die sie früher auf die Palme gebracht hätten. Andere werden unduldsamer und wollen lieber in Ruhe gelassen werden. Leben Hunde im Rudel und hatten dort erzieherische oder leitende Funktion, geben sie diese Aufgaben vielleicht nun an jüngere ab und stehen nur noch gelegentlich „in beratender Funktion" bereit. Haben die Artgenossen ein gutes Sozialverhalten, gehen Sie rücksichtsvoll mit dem vierbeinigen Senior um, besonders dann, wenn dieser schon etwas wackelig ist.

ALTERSBEDINGTE VERÄNDERUNGEN

Ursachen für Verhaltensveränderungen sind natürlich auch körperliche Veränderungen, die u. a. auch Stoffwechsel, Hirnleistung und Sinne betreffen. So wird beispielsweise der „Belohnungsbotenstoff" Dopamin, der auch „Selbstbelohnungsbotenstoff" oder Glückshormon genannt wird, in geringerer Menge ausgeschüttet, was zu Antriebslosigkeit bis hin zur Lethargie führen kann.

Es ist wichtig, ältere und alte Hunde ihrer Leistungsfähigkeit entsprechend zu fordern, damit sie nicht „einrosten".

Alte Hunde schnuppern beim Spaziergang meist mehr, können z. B. wegen nachlassender Sinnesleistungen unsicherer oder langsamer sein, andere haben Probleme, sich zu orientieren. Manche bellen mehr, weil sie ihre Umwelt anders wahrnehmen.

Heike: „Mit seinen jetzt 14 Jahren sieht und hört Paul nicht mehr so gut. Konnte er früher meist frei laufen, ist er jetzt öfter an der Leine, damit er uns nicht abhandenkommt. Denn manchmal flitzt er auf ihm bekannten Wegen einfach los – und er ist noch recht schnell –, hört dann aber unsere Rückrufe nicht. Oder er sieht in einiger Entfernung die Umrisse zweier Spaziergänger, denkt, das seien wir, und läuft zu ihnen. Da müssen wir natürlich aufpassen, dass ihm nichts passiert."

Im Alter ist die Wahrscheinlichkeit von Krankheiten und Schmerzen (siehe Seite 19) höher, genau wie damit einhergehende Verhaltensveränderungen. Und auch bei Hunden gibt es eine Art Demenz, die anfänglich vielleicht als Altersstarrsein gedeutet wird, sich aber über scheinbar unmotiviertes Bellen bis hin zu völliger Orientierungslosigkeit und der zumindest zeitweisen Abwesenheit aus dem „realen Leben" entwickeln kann. Fragen Sie bei ersten Anzeichen Ihren Tierarzt.

Das Alter bietet eine schnelle und plausible Erklärung dafür, wenn ein Hund sich anders verhält als gewohnt. Dahinter kann aber auch immer eine Erkrankung stecken, die behandelbar ist. Nicht alles lässt sich heilen, doch mit der richtigen tierärztlichen Betreuung und ggf. Schmerzmitteln oder anderen Medikamenten kann dem Hund oft die Lebensqualität und damit auch die Lebensfreude zurückgegeben oder gesteigert werden.

PROBLEMVERHALTEN
— *Ist das noch normal?*

WAS IST SCHON NORMAL?

Haben Sie sich das auch schon gefragt, wenn Ihr oder ein anderer Hund ein Verhalten zeigt, dass ungewöhnlich erscheint, ziemlich penetrant ist oder einfach nervt? Und wenn ein Hund sich aggressiv zeigt, ist das doch immer ein Problem, oder?

Susanne: „Als Hundetrainerin erlebe ich immer wieder Ungewöhnliches. Doch nach dem Telefonat mit Tonis Frauchen Carin kam ich erst einmal ins Grübeln, weil es so ungewöhnlich klang. Carin, die freiberuflich als Autorin arbeitet und kürzlich in eine neue Bürogemeinschaft umgezogen ist, schilderte in dem Gespräch die Macken, die ihr Airedale-Terrier-Rüde Toni neuerdings zeigte. Für Toni, der immer mit Carin arbeiten geht, hat sich durch den Umzug viel geändert: Nun waren sie nicht mehr für sich in einem kleinen, ruhigen Büro, sondern haben sich die Etage mit anderen geteilt, entsprechend herrschte nun mehr Trubel und Aktivität. Dazu zogen bei den hochsommerlichen Temperaturen fast täglich Gewitter auf, und als wäre das nicht genug, waren im Hinterhof Bauarbeiten im Gange. Nachdem es eines Tages dort fast unerträglich viel Lärm gab, war Toni von heute auf morgen nicht mehr er selbst! Jedes Geräusch von draußen machte ihn konfus, er hechelte stark, war unruhig, zitterte und drehte sich um Carins Schreibtischstuhl. So machte er auch sie nervös! Es konnte kein Fenster mehr geöffnet werden und Carin konnte keinen klaren Gedanken fassen. Das war definitiv nicht normal und für alle Beteiligten sehr belastend. Nachdem ich mir alles angeschaut hatte, wurde für Toni im Büro eine Faltbox aufgestellt, die nun sein Rückzugsort werden sollte. Und

tatsächlich kam er dort schon bald zur Ruhe. Doch wir haben weiterhin viel geübt: Das Fenster wurde wieder geöffnet, wir ließen Dinge vom Tisch fallen und Menschen liefen herum. Trotz all dieser Reize und Ablenkungen konnte Toni sich immer besser entspannen. Lief er unruhig umher, haben wir das unterbrochen und ihn ganz gelassen auf seinen Platz geschickt.

Es hat etwas gedauert, wurde aber konstant besser. Carin hat ihren roten Faden wiedergefunden, blieb ruhig und gelassen und konnte Toni so Sicherheit geben. Das Training verlief sehr erfolgreich und hat das Verhalten von

Die Box als sicherer Rückzugsort kann einem Hund helfen, sich wieder zu entspannen.

Für Hunde ist es normal, sich auch schmutzig zu machen. Für den Labrador gehört es fast zur Stellenbeschreibung.

Hund und Mensch betroffen, denn Carin musste zurück zu ihrer Ausgeglichenheit und ihrer Alltagsstruktur finden. Beim Training gibt es wie auch hier oft zwei Ziele: Das Leben für den Hund und das Leben für den Menschen zu erleichtern bzw. zu verbessern."

NORMAL IST RELATIV

Verhalten wird durch viele Faktoren beeinflusst, von der Genetik bis zum Geräuschpegel. Daher muss auch individuell betrachtet werden, ob ein Verhalten als normal oder auffällig beschrieben werden kann. Und selbst, wenn ein Verhalten als normal gilt, kann es für Mensch oder Tier zum Problem werden. Die Frage wäre daher „Was ist für Sie normal?" oder, noch besser: „Ist das Verhalten problematisch für Sie, Ihren Hund oder andere?"

NORMAL, ABER UNERWÜNSCHT

Der Beagle, der Rhodesian Ridgeback und der Terrier genau wie der Border Collie oder der Australian Shepherd zeigen normales Hundeverhalten, wenn sie dem Hasen nachrennen, der vor ihnen aufspringt. Jagdverhalten ist keine Aggression und steht damit auch nicht im Zusammenhang. Trotzdem muss bzw. hoffentlich wird Ihnen das Verhalten nicht gefallen – was der Hase davon hält, können wir uns denken. Managen Sie es z. B. durch Rückruftraining und ggf. durch die Sicherung des Hundes an der Schleppleine. Auch der Spitz, der viel bellt, der Hovawart, der Besuch in die Ecke drängt, oder der Australian Cattle Dog, der in die Fersen zwickt, zeigen Verhalten, das typisch für ihre jeweilige Rasse ist, in den Beispielen aber sehr ausgeprägt gezeigt wird. Daher kann Verhalten, auch wenn es genetisch veranlagt ist und als normal gilt, trotzdem unerwünscht sein:
— Weil Sie es nicht wollen,
— weil dieses Verhalten gesellschaftlich nicht gern gesehen ist,
— weil es rücksichtslos gegenüber anderen ist,
— weil es verboten ist und/oder
— weil es gefährlich ist, egal, ob für den Hund selbst, Artgenossen, seine oder fremde Menschen oder andere Tiere.

Heute ist es nur noch wenigen Hunden vergönnt, in ihrem eigentlichen Job zu arbeiten und dort das Verhalten auszuleben, für das sie gezüchtet wurden. Nichtsdestotrotz ist das Bedürfnis da und die Hunde haben Glück, deren Menschen darum wissen, darauf eingehen, Ausgleich bieten und die Führung so gestalten, dass alle Beteiligten zufrieden sein können.

Problematisch wird es immer dann, wenn die Halter rassetypische und andere Bedürfnisse ihrer Hunde ignorieren bzw. sich erst gar nicht dafür interessieren und darüber informieren. Das Verhalten des Hundes entwickelt sich dann in der Regel negativ, dabei ist es doch nur dessen Antwort auf die Gegebenheiten. Das gilt genauso für Hunde, die mangelhaft sozialisiert sind, die isoliert gehalten wurden, die keine Stetigkeit und Verlässlichkeit in der Beziehung zum Menschen finden, und erst recht für Hunde, denen an Körper oder Seele Gewalt angetan wurde.

MISSVERSTÄNDNISSE

Häufig wird ein Verhalten als Problem deklariert oder ein Problem nicht erkannt, weil der Mensch es missverstanden bzw. im Kontext der Situation falsch gedeutet hat. Beispiele:

Zähne 1 Hunde setzen ihre Zähne vielfältig ein, genau wie Menschen ihre Hände, u. a. zum Tragen, zum Ziehen und zur Körperpflege. Ein Beispiel dafür beim Hund ist das „Knibbeln": Dabei fährt er mit den Schneidezähnen dicht über die Haut. Dieses Knibbeln zeigt der Hund bei sich selbst und bei ihm wichtigen Sozialpartnern, egal, ob Hund oder Mensch. Wenn ein Hund den anderen knibbelt, befreit er das Fell von Parasiten und sorgt für Wohlbefinden. So ist es eine innige Geste, die der Festigung der Beziehung dient. Freuen Sie sich besser darüber, wenn Ihr Hund Ihre Hand knibbelt, statt ihn dafür auszuschimpfen – auch wenn es mal zwickt. Wir haben unsere Hände, um den Partner zu streicheln oder zu massieren, Hunde nehmen dafür ihre Zähne. Denn diese sind ein äußerst fein justiertes und vielseitig einsetzbares Werkzeug. Knibbeln wird erst dann zum Problem, wenn der Hund es übermäßig häufig oder zu heftig zeigt und es zu Verletzungen kommt. Das ist viel seltener beim Mensch der Fall als beim Hund selbst, denn ständiges Knibbeln ist meist ein Zeichen von Stress, siehe unten.

Ob beim zärtlichen Knibbeln oder Distanz einfordernden Drohen: Sobald ein Hund Zähne zeigt, sehen viele Menschen rot. Der Hund steht im Verdacht, zu beißen oder aggressiv zu sein, und schnell wird ein Problem herbeigeredet, das keines ist. Hier kann es schon helfen, mehr über die Körpersprache des Hundes zu lernen, um ihn besser einschätzen zu können.

Jagdverhalten kann nicht einfach ausgeschaltet werden. Der Hundehalter muss es vielmehr managen.

Zähne 2 Das Gegenteil kann auch zur Fehleinschätzung führen. Da ist beispielsweise – und ganz typisch – ein sehr durchsetzungsfähiger Hund, der durch sein Handeln Artgenossen gängelt, einschränkt und manchmal sogar schikaniert. Seine Menschen sehen in ihm jedoch stets nur den lieben und verspielten Familienhund, schließlich hat er ja noch nie gebissen. Doch harmlos ist anders, und um mentalen Druck aufzubauen, braucht es nicht zwangsläufig den Einsatz der Zähne.

Beschützer Manche Hunde schirmen ihren Menschen gegenüber Artgenossen oder sogar anderen Menschen ab. Gründe dafür kann es verschiedene geben (siehe Seite 47), die Kinder der Familie oder das schwangere Frauchen werden z. B. oft vehement verteidigt. Viele Halter bewerten dieses Verhalten positiv und finden es toll, dass ihr Hund sie beschützt. Die Brisanz dahinter erkennen sie nicht, denn je nach Hund und Situation kann so etwas auch einmal eskalieren – insbesondere dann, wenn der Hund durch seinen Menschen immer wieder in seinem Verhalten bestätigt wird.

Spiel Der Ball ist sein liebstes Ding, er lässt ihn nicht aus den Augen, hetzt ihm mit einem Affenzahn hinterher, verlangt ständig nach Wiederholung und will kein Ende finden. Klingt lustig, ist es aber nicht. Denn was wie ein harmloses Spiel wirkt, ist Sucht. Der Hund ist abhängig. Dadurch kann es zur ganzen Palette der „Nebenwirkungen" kommen: Extrovertierte Hunde und Hunde, die besonders leicht auf die Elemente des Beutefangverhaltens Fixieren, Hetzen und Zupacken reagieren – darunter fallen z. B. die Hütehunde –, neigen eher zu Suchtverhalten. Befeuert wird das u. a. vom Belohnungsbotenstoff Dopamin und den Endorphinen, den sogenannten Glückshormonen. Endorphine werden z. B. bei rhythmischen sowie lustbetonten Bewegungen freigesetzt. Und so setzt der Hund alles daran, dieses gute Gefühl zu wiederholen, zusätzlich wird es noch erlernt. Ist der Hund süchtig, hilft nur noch Abstinenz. Ein Entzug für einen Balljunkie sollte unter Anleitung eines Hundetrainers stattfinden, dazu bieten sich z. B. die konzentrationsfördernde Nasenarbeit und Apportieren als Beschäftigungsalternativen an. Später darf der Hund vielleicht gelegentlich und wohldosiert noch mit dem Ball spielen. Doch die Sucht bleibt immer und das alte Level ist schnell wieder erreicht.

ÜBERFORDERUNG

Hunde reagieren auf Emotionen und Verhalten der sie umgebenden Menschen und Artgenossen sowie auf ihr Umfeld. Manche Hunde haben ein „dickes Fell" und lassen sich in der Regel nicht aus der Ruhe bringen, selbst wenn ihre Menschen gestresst sind und um sie herum das Chaos herrscht. Andere geraten schon aus der Fassung, wenn sie z. B. laute Geräusche hören, Sitz machen sollen oder sich ihnen unbekannte Menschen nähern. Überforderung kann viele Gesichter haben und ist mit einhergehendem Stress (siehe Seite 132) belastend oder gefährlich, besonders wenn sie langfristig ist. Überforderung zeigt sich auch nicht immer gleich, denn derselbe Hund kann bei vergleichbaren Situationen ganz unterschiedlich reagieren: Das eine Mal bleibt

Hundeverhalten wird häufig falsch eingeschätzt.

Wird das Spiel mit dem Ball übertrieben, kann es beim Hund zu Suchtverhalten führen.

Hunde sind schlau. Manche warten ab, bis ihr Mensch ...

er völlig entspannt, wenn auf der Straße ein Auspuff knallt, das anderes Mal fährt ihm der Schreck tief in die Glieder.

Airedale Terrier Toni ist ein gutes Beispiel dafür, wie ein an sich emotional stabiler Hund zur Nervensäge werden kann und selbst schrecklich leidet, weil die Umstände ihn überfordert haben.

ROUTINE

Ein geregelter Tagesablauf ist für viele Hunde der Schlüssel zur Ausgeglichenheit. Je unsicherer oder emotional instabiler ein Hund ist, desto mehr hilft ihm Routine, seinen Alltag gelassen meistern zu können. Einschätzbarkeit und Verlässlichkeit geben Sicherheit, ganz besonders in anstrengenden oder belastenden Lebensphasen.

Nicht selten erscheint der Weg zum unerwünschten Verhalten wie eine Verkettung unglücklicher Umstände. Reagiert ein Hund anders als gewohnt oder erwartet und kann sich das zum Problem entwickeln, lohnt sich daher ein Blick auf die aktuelle Situation. Hat sich was verändert, z. B. Tagesablauf, Zeit für den Hund, Arbeitszeiten, Stress in der Familie etc.? Ist die Hündin läufig oder hat der Rüde Liebeskummer? Gibt es etwas, das zur Lösung des ungewohnten Verhaltens/Problems beiträgt? Nicht immer findet sich eine schnelle Lösung, die es dem Hund leichter machen kann. Doch allein das Erkennen der Umstände kann dazu beitragen, entspannter damit umzugehen. Und das tut auch dem Hund gut.

Überforderung trifft häufig auch Hunde, die sich genötigt sehen, die Führung in der Mensch-Hund-Beziehung zu übernehmen,

... abgelenkt ist und nutzen die Gelegenheit für einen ...

... nicht autorisierten Ausflug in den Wald.

weil der Mensch diese Rolle nicht ausfüllt. Es ist ein verbreiteter Irrtum, dass Hunde immer nach der Chef-Position drängen, das Gegenteil ist oft der Fall: Viele Hunde sehnen sich nach einem Menschen, der Verantwortung übernimmt und eine klare Position bezieht. Wird ein Hund in diese Rolle gedrängt, der diese eigentlich nicht ausfüllen will und/oder kann, ist er meist früher oder später überfordert, was sich nicht selten in aggressivem Verhalten zeigt.

STRATEGIEN

Ein gelegentlich oder sogar nur ein einziges Mal gezeigtes Verhalten kann für einen Hund zur Strategie werden, wenn es in seinen Augen erfolgreich war, ob Betteln am Tisch, damit die Menschen dann doch einen Happen fallen lassen, oder das Schnappen nach Artgenossen oder Menschen, damit sie den gewünschten Abstand halten und ihn in Ruhe lassen.

Oft etabliert sich Verhalten, weil der Mensch es unbeabsichtigt bestätigt hat (siehe Seite 15): Wird der frei laufende Hund z. B. vorzugsweise dann herangerufen (und dann mit einem Leckerchen belohnt), wenn er sich weit entfernt hat, Pferdeäpfel frisst oder sonst ein unerwünschtes Verhalten zeigt, werden schlaue Hunde dies künftig gezielt machen, um das zusätzliche Leckerchen zu kassieren. Die Belohnung des Verhaltens kann aber auch von anderer Seite kommen: In der Pubertät passiert es z. B. oft, dass Hunde einfach zu Artgenossen hinrennen. Treffen sie dann auf Hunde, die lustig mit ihnen spielen, war es für den Jungspund ein voller Erfolg. Daraus resultiert, dass viele die Rückrufe des Halters ignorierend zum potenziellen Spielpartner rennen, selbst wenn dieser noch 100 Meter entfernt ist. Hat sich das Verhalten etabliert, ist nicht selten ausdauerndes Training erforderlich, um das zu korrigieren.

PROBLEMVERHALTEN
— *Ein Interview mit Nadin Matthews*

Wann wird ein Verhalten zum Problem? Und wie (viel) kann ein Hundetrainer helfen? Die Expertin Nadin Matthews gibt Antworten auf unsere Fragen.

Welche Gründe führen die Hundehalter am häufigsten zu Ihnen ins Training?
Vordergründig sind es die Verhaltensweisen von Hunden: Aggression, Jagen, Angst und Sucht. Erst in der Beratung wird deutlich, worum es darüber hinaus noch geht.

In Prozent ausgedrückt: In welchem Maß können Sie die Problematik reduzieren? Gibt es da Unterschiede je nach Problem?
Gegenfrage: Woran würde der Mensch erkennen, dass sich sein Problem reduziert hat? Ich glaube, dass eine gute Beratung fast zu 100 Prozent dazu führt. Denn selbst wenn das Verhalten des Hundes bestehen bliebe, könnte das Problem an Bedeutung verlieren.

Frage: Welche Probleme sind hausgemacht?
Jedes Problem ist hausgemacht, das haben Probleme so an sich. Hunde zeigen Verhalten und bringen uns dadurch in bestimmte Situationen. Ich als Mensch entscheide jedoch, ob ich nun ein Problem empfinde. Es gibt kaum Verhaltensweisen, die nicht durch ein dauerhaftes Anleinen und Tragen eines Maulkorbs zu verhindern wären. Das Problem ist somit nicht das Verhalten des Hundes, sondern dass wir damit ein meist emotionales Problem haben oder wir unglücklich mit der Lösung sind. Das Jagen meines Hundes wird erst dann zum Problem, wenn ich ihn gern frei laufen lassen möchte und mich sorge, wenn er wegläuft. Wäre es mir egal, ihn ständig an der Leine zu lassen oder dass er beim Hetzen überfahren werden könnte, dann hätte ich kein Problem.

Wie gelingt es Ihnen, dass die Menschen ihr Verhalten zum Hund und die Haltung ändern?
Gar nicht. Man kann niemanden bewegen, jeder bewegt sich selbst. Wenn sich Menschen für eine Einzelberatung melden, sind sie bereits im Veränderungsprozess. Sie haben selbstständig realisiert, dass sie ein Problem haben. Sie haben ihnen zugängliche Handlungsoptionen ausprobiert und gemerkt, dass sie damit scheitern. Dann haben sie entschieden, einen Profi aufzusuchen, den sie bezahlen müssen. Diesen Profi haben sie ausfindig gemacht und haben Kontakt aufgenommen, einen Termin vereinbart, zu dem sie auch noch pünktlich erscheinen.

03

01

02

Hundekunden sind wahre Traumkunden in der Beratung. Wenn sie jetzt vernünftig beraten werden, sich selbst Ziele setzen dürfen, zwischen Handlungsoptionen entscheiden können und ihnen diese didaktisch sinnvoll erklärt und gezeigt werden, werden die meisten Hundehalter mit dieser Unterstützung ungebremst ihren Weg der Veränderung weitergehen.

Wenn Sie einen Wunsch an Hundehalter richten könnten – welcher wäre das?
Oh, das ist lieb von Ihnen, aber ich maße es mir nicht an, Wünsche an Hundehalter zu haben.

01 *Nadin Matthews ist psychosoziale Beraterin und zertifizierte Hundetrainerin, Tough Hunter-Trainerin und Veranstalterin. Als Gründerin und Inhaberin von „dogument" (www.dogument.de), engagiert sie sich in der Aus- und Weiterbildung von Hundetrainern, Dogwalkern und Hundepsychotherapeuten. Sie hat u. a. zum Lernverhalten von Hunden geforscht sowie ein Buch und eine DVD über Aggression bei Hunden veröffentlicht. Derzeit ist sie auch Drehbuchautorin und Hauptdarstellerin des Kinofilms „Die Rüden".*

02 *Probleme mit dem Hund sind in den meisten Fällen hausgemacht.*

03 *Für Nadin Matthews trägt bereits gute Beratung zur Reduzierung von Problemen bei.*

STRESS- UND KONFLIKT-VERHALTEN

Nicht nur Menschen haben Stress, auch Hunde. Wie empfindlich oder resistent ein Hund auf Stress reagiert beziehungsweise was für ihn Stress bedeutet, hat neben einer möglichen rassebedingt veranlagten auch immer eine individuelle Komponente (siehe Seite 32). Stress kann viele Ursachen haben, z. B.:

— weil Hund den ganzen Tag auf Abwechslung wartend im Wohnzimmer liegt und deswegen heillos gelangweilt ist;

Selbst im gut geführten Tierheim leiden viele Hunde unter Stress.

— weil Hund, statt an der Leine immer dieselben kurzen Runden um den Block zu laufen, nach Arbeit lechzt;
— weil Hund im Zwinger jede Sekunde darauf wartet, dass sein Mensch sich endlich bei ihm blicken lässt;
— weil Hund unsicher ist im Umgang mit Artgenossen;
— weil Hund vor lauter Sport- und Beschäftigungsaktivitäten mit seinem Menschen gar nicht mehr zur Ruhe kommt,
— weil Hund von Artgenossen im Haushalt gemobbt wird,
— weil Hund von den von seiner direkten Umgebung ausgehenden Reizen überfordert ist oder
— weil er durch die Lebensumstände einfach nicht zur Ruhe kommen kann.

WIE ERKENNEN SIE STRESS?

Überdrehtheit, nicht zur Ruhe kommen können, Nervosität, Aggression und Konzentrationsprobleme können Anzeichen für Stress sein, genau wie u. a. Rückzug aus dem familiären Geschehen bis hin zur Teilnahmslosigkeit, Selbstverletzung durch ständiges Belecken oder Anknabbern einer Körperstelle, anhaltendes Kratzen, sich wiederholende Bewegungsabläufe oder körperliche Anzeichen wie häufige Durchfälle. Manche Hunde haben so viel aufgestaute Energie oder Spannung, dass sie hysterisch herumrennen oder in Äste beißen, um ein Ventil dafür zu finden. Viele dieser Verhaltensweisen sollen dabei helfen,

Das Mundwinkellecken ist eine typische Übersprunghandlung.

Stress abzubauen. So schütten z. B. wiederkehrende Bewegungen im Körper Stoffe aus, die für Wohlbefinden sorgen, sei es beim ständigen Auf- und Ablaufen oder Im-Kreis-Drehen, bei anhaltendem Belecken oder Beknabbern oder dem Kauen an Gegenständen. Der Hund versucht so, sich selbst zu helfen, allerdings kann das im Übermaß ausgeführt in schwere Verhaltensstörungen umschwenken.

ÜBERSPRUNGVERHALTEN

Übersprungverhalten deutet darauf hin, dass ein Hund sich in einem Konflikt befindet, z. B. weil er jetzt ruhig eine Übung beenden muss, obwohl er lieber am Laternenpfahl schnuppern möchte oder weil er gerne einen Artgenossen begrüßen möchte. Da der Hund nicht seinem Verlangen nachgehen oder sich nicht zwischen zwei Möglichkeiten entscheiden kann, wird dann oft ein Verhalten gezeigt, das gar nichts mit den bestehenden Situationen zu tun hat, z. B. am Boden schnuppern, züngeln, schütteln, niesen, Gegenstände aufnehmen, kratzen, Gras fressen, Stöckchen anknabbern oder trinken.

Wenn Sie nicht wissen, welchen Weg an einer Kreuzung Sie einschlagen sollen, kratzen Sie sich vielleicht am Ohr, das ist dann auch eine Übersprunghandlung. Daran ist also nichts Dramatisches, denn mit diesen Handlungen äußert sich Konzentration oder leichte Anspannung. Und mit Letzterem stellen sich sogar bessere Lernerfolge ein und der Körper hilft sich selbst, um Herausforderungen meistern zu können. Beobachten Sie bei Ihrem Hund beim Training daher gelegentlich Übersprungverhalten, zeigt das, dass Sie ihn fordern, mehr jedoch nicht.

Wenn er allerdings ständig Übersprungsignale zeigt bzw. sich überhaupt nicht konzentrieren kann, sollten Sie überlegen, ob Sie ihn überfordern: Ist das Training z. B. seinem Leistungsstand angepasst oder zu anspruchsvoll? Gibt es zu viel Ablenkung? Hat er verstanden, was von ihm erwartet wird? Sollte das Training anders aufgebaut werden?

01

Sprechen Sie ggf. mit einem Hundetrainer, um das Training und die Rahmenbedingungen zu prüfen, ob Ihr Hund überfordert ist. Vermeiden Sie es jedoch, dauernd nach Übersprungsignalen zu suchen, denn durch die ständige Fokussierung auf Ihren Hund setzen Sie ihn zusätzlich unter Druck.

WAS IST AUFFÄLLIG?

So sehr die Bewertung auch im Auge des Betrachters liegen mag, zeigen manche Hunde Verhalten, das auffällig bzw. eine Verhaltensstörung ist. Dazu gehören u. a.

— gesteigerte bzw. unangemessene Aggression, ob z. B. gegen Menschen oder andere Hunde;
— Ängste, unter denen der Hund leidet bzw. die ihn einschränken;
— Suchtverhalten;
— nicht alleine bleiben zu können;
— nicht von einem bestimmten Menschen getrennt sein zu können;
— zwanghaftes Verhalten, beispielsweise stereotype Bewegungen;
— fehlgeleitetes Verhalten, wie das eines Border Collies, der Lichtpunkte jagt;
— Verhalten, das sich plötzlich ändert;
— und natürlich jegliches Verhalten, das dem Hund bzw. den Menschen oder Tieren in seinem Umfeld schadet.

WANN KOMMT DER HUNDETRAINER?

Wir geben hier ganz bewusst keine Lösungsansätze bei auffälligem Verhalten. Engagierte Hundehalter können sicher das ein oder andere selbst regeln. Doch Hund, Mensch, Umfeld und die Kombination sind so vielfältig, dass jeder Fall individuell betrachtet werden muss. Wir empfehlen, sich immer dann Unterstützung vom Hundetrainer zu holen, wenn ein Hund auffälliges Verhalten zeigt, sein Verhalten zu Problemen führt oder der Halter sich mit der Situation überfordert fühlt. Schon die Einschätzung kann sehr hilfreich sein, manchmal bringt auch bereits eine Erklärung eine Verbesserung und immer mal wieder muss der Trainer ganz tief in seine Trickkiste greifen, um eine Lösung zu finden. Noch besser wäre es natürlich, bereits Hilfe zu holen, wenn der Mensch das Verhalten seines Hundes nicht sicher einschätzen kann sowie bei den ersten Anzeichen eines sich anbahnenden Problems. Denn dann hat das Problem von vornherein keine Möglichkeit, sich zu entwickeln bzw. sich zu festigen. So kann der Hundetrainer das Mensch-Hund-Team etwa bei der Schaffung einer guten gemeinsamen Basis begleiten, z. B. wenn es der erste Hund ist oder der Familienhund einer anspruchsvollen Rasse angehört.

01 *Probleme sind oft Definitionssache. Vielleicht hat der Mensch ein Problem, weil der Hund nicht aufs Sofa darf. Dieser Dackel fühlt sich auf jeden Fall gerade völlig frei von Problemen und genießt die Gemütlichkeit.*

02 *Bellen birgt viel Konfliktpotenzial. Dem Hund diese ihm eigene Form der Kommunikation ganz zu verbieten, darf nicht die Lösung sein. Es kommt auf das richtige Maß an.*

03 *Kompost und Mist fressen gehört zum normalen Verhalten von Hunden. Gefährlich kann es werden, wenn der Hund etwas Schädliches frisst. Dem beugen Sie vor, indem Sie mit ihm üben, dass er ohne Ihre Erlaubnis nichts fressen darf und darauf achten, dass er keinen Zugang dazu hat.*

02

03

SERVICE

NÜTZLICHE ADRESSEN

VERBÄNDE

Verband für das Deutsche Hundewesen e.V. (VDH)
Westfalendamm 174
44141 Dortmund
Tel.: 0231 – 56 50 00
Fax: 0231 – 59 24 40
E-Mail: info@vdh.de
Internet: www.vdh.de

Österreichischer Kynologenverband (ÖKV)
Siegfried-Marcus-Str. 7
A – 2362 Biedermannsdorf
Tel.: ++43 (0) 22 36 710 667
Fax: ++43 (0) 22 36 710 667 30
E-Mail: office@oekv.at
Internet: www.oekv.at

Schweizerische Kynologische Gesellschaft (SKG)
Brunnmattstrasse 24
CH – 3001 Bern
Tel.: +41 (0) 31 306 62 62
Fax: +41 (0) 31 306 62 60
E-Mail: info@skg.ch
Internet: www.skg.ch

Fédération Cynologique Internationale (FCI)
Place Albert 1er, 13
B – 6530 Thuin
Tel.: +32 (0) 71 59 12 38
Fax: +32 (0) 71 59 22 29
E-Mail: info@fci.be
Internet: www.fci.be

Berufsverband der Hundeerzieher/innen und Verhaltensberater/innen e.V. (BHV)
Auf der Lind 3
65529 Waldems-Esch
Tel.: +49 (0) 61 92 – 9 58 11 36
E-Mail: info@hundeschulen.de
Internet: www.hundeschulen.de

TIERSCHUTZ

Deutscher Tierschutzbund e.V.
Bundesgeschäftsstelle
Baumschulallee 15
53115 Bonn
Tel.: +49 228 60 49 60
E-Mail: bg@tierschutzbund.de
Internet: www.tierschutzbund.de

ACHTUNG GIFT!

Datenbank giftiger Pflanzen & Substanzen
Suche nach Pflanzennamen und nach Symptomen möglich
Internet: www.giftpflanzen.ch

Giftköder-Warnung
Informiert über entdeckte Giftköder und aktuelle Gefahrenzonen.
Mit App und aktiver Facebookseite
Internet: www.giftkoeder-radar.com

LINKS ZU DEN AUTORINNEN

www.schmidt-roeger.de
www.hundeschule-sulzbach.de

ZUM WEITERLESEN

Informationen über Haltung, Erziehung, Beschäftigung und Verhalten finden Sie in den folgenden KOSMOS-Ratgebern:

Bloch, Günther und Elli. H. Radinger: **Affe trifft Wolf.**

Bloch, Günther und Elli. H. Radinger: **Wölfisch für Hundehalter.**

Buksch, Martin: **Kosmos Praxishandbuch Hundekrankheiten.**

Feddersen, Dr. Dorit-Urd: **Ausdrucks-verhalten beim Hund.**

Feddersen-Petersen, Dorit: **Hundepsychologie, mit DVD.**

Führmann, Petra und Hoefs, Nicole und Franzke, Iris: **Das große Kosmos Spielebuch für Hunde.**

Führmann, Petra und Hoefs, Nicole und Franzke, Iris: **Kosmos Welpenschule mit DVD.**

Gansloßer, Udo und Kitchenham, Kate: **Forschung trifft Hund.**

Gansloßer, Udo und Krivy, Petra: **Verhaltensbiologie für Hundehalter – Das Praxisbuch.**

Gansloßer, Udo und Kitchenham, Kate: **Beziehung – Erziehung – Bindung.**

Gansloßer, Udo und Mechthild Käufer: **Auszeit auf Augenhöhe.**

Handelman, Barbara: **Hundeverhalten.**

Käufer, Mechthild: **Spielverhalten bei Hunden.**

Kitchenham, Kate: **Wissen Hunde, dass Sie Hunde sind?**

Koring, Mel: **Clickertraining für Hunde.**

Mrozinski, Norman & Heberer, Ute & Brede, Nora: **Aggressionsverhalten beim Hund.**

Mrozinski, Norman: **Hütehundehalter als Begleiter.**

Krämer, Eva-Maria: **Faszination Rassehunde.**

Rauth-Widmann, Brigitte: **Die Sinne des Hundes.**

Schenten, Jutta: **Entspannt durch die Flegelzeit.**

Schmidt-Röger, Heike: **Familienhunde**

Schmidt-Röger, Heike: **Was denkt mein Hund?**

Schneider, Dorothee und Hölzle, Armin: **Fährtentraining für Hunde.**

Schöning, Sabine und Röhrs, Kerstin: **Hundesprache.**

Toll, Claudia: **Kommt nicht, gibt's nicht.**

Winkler, Sabine: **So lernt mein Hund.**

Theby, Viviane: **Das Kosmos Welpenbuch.**

WEITERE BÜCHER VON HEIKE SCHMIDT-RÖGER

Hunde – Das große Praxishandbuch. Gräfe und Unzer Verlag

Mein kleiner Hund. Ulmer Verlag

REGISTER

DANKE

Wir danken allen Hunden und Menschen ganz herzlich, die zur Entstehung dieses Buchs beigetragen haben.

Großer Dank gilt natürlich allen unseren Interviewpartnern für ihre kompetente und bereichernde Mitwirkung: Günther Bloch, PD Dr. Udo Gansloßer, Elke Landrock-Bill, Christine Nickel, Helge Wenger und Nadin Matthews. PD Dr. Udo Gansloßer danken wir insbesondere auch für das teilweise Gegenlesen und die hilfreichen Anregungen.

Danke dem Kosmos-Verlag, Angela Beck und Alice Rieger für die gute Zusammenarbeit.

Natürlich geht ein dickes Dankeschön an alle vierbeinigen Fotomodelle und die dazugehörigen Menschen. Ihr habt euch so ins Zeug gelegt und uns so viel geboten, uns beeindruckt und zum Lachen gebracht. Die Fototermine mit euch waren eine große Freude.

Danke an die vielen Vierbeiner, die unser Interesse für Hundeverhalten geweckt und uns inspiriert haben. Allen voran natürlich unsere eigenen wunderbaren Hunde, die es immer wieder schaffen, uns zu überraschen und uns so viel geben.

Heike: Danke Stefan.

BILDNACHWEIS

Mit 172 Farbfotos von Heike Schmidt-Röger.
Weitere Farbfotos von Günther Bloch (3: S. 55 o. l, o. r. und u. r), Udo Gansloßer (privat)
(1: S. 30 l.), Amelie Losier (1: S. 131 o.), Annika Ridder (1: S. 14), Stefan Röger (1: S. 4) und
Shutterstock/Holly Kuchera (1: S. 33).

IMPRESSUM

Umschlaggestaltung von WALTER Typografie & Grafik GmbH, Würzburg unter Verwendung
eines Farbfotos von Anna Auerbach (Vorderseite), Brigitte Reeh (1; hintere Klappe außen, oben)
sowie 13 Farbfotos von Heike Schmidt-Röger (U4 und Klappen).

Mit 179 Farbfotos.

Unser gesamtes Programm finden Sie unter **kosmos.de.**
Über Neuigkeiten informieren Sie regelmäßig unsere
Newsletter, einfach anmelden unter **kosmos.de/newsletter**

Gedruckt auf chlorfrei gebleichtem Papier

© 2017, Franckh-Kosmos Verlags-GmbH & Co. KG, Stuttgart.
Alle Rechte vorbehalten
ISBN 978-3-440-14975-1
Projektleitung: Angela Beck
Redaktion: Alice Rieger
Gestaltungskonzept: Peter Schmidt Group GmbH, Hamburg
Gestaltung und Satz: DOPPELPUNKT, Stuttgart
Produktion: Andrea Hehn
Druck und Bindung: Westermann Druck Zwickau GmbH, Zwickau
Printed inGermany / Imprimé en Allemagne

FSC
www.fsc.org
MIX
Papier aus ver-
antwortungsvollen
Quellen
FSC® C110508